Xilinx FPGA
工程师成长手记

寇 强◎编著

清华大学出版社
北京

内 容 简 介

本书以 Xilinx 公司的 FPGA 为开发平台，以 Verilog HDL、System Verilog、VHDL 和 Vivado 为开发工具，详细介绍 FPGA 常用接口的实现方法，并通过大量实例，分析 FPGA 实现过程中的具体技术细节。本书提供相关实例的源码文件和配套教学 PPT，以方便读者学习和相关高校教学。

本书共 10 章，分为 2 篇。第 1 篇 Xilinx FPGA 基础知识，包括 FPGA 概述、FPGA 的基本理论、FPGA 的硬件描述语言和 FPGA 功能验证；第 2 篇 Xilinx FPGA 逻辑设计，包括 FPGA 的知识产权、FPGA 代码封装、FPGA 低速接口设计、FPGA 高速接口设计、FPGA 硬件调试和 FPGA 开发技巧。

本书内容充实，实例丰富，非常适合 FPGA 开发和接口设计领域的入门读者阅读，也适合硬件设计领域的工程师和科研人员阅读，还适合作为相关院校电子信息等专业本科生和研究生的教材。

图书在版编目（CIP）数据

Xilinx FPGA 工程师成长手记 / 寇强编著. -- 北京：
清华大学出版社，2024. 7（2025. 5 重印）. -- ISBN 978-7-302-66695-0

Ⅰ. TP332.1

中国国家版本馆 CIP 数据核字第 2024SC1572 号

责任编辑：王中英
封面设计：欧振旭
责任校对：胡伟民
责任印制：杨　艳

出版发行：清华大学出版社
网　　址：https://www.tup.com.cn，https://www.wqxuetang.com
地　　址：北京清华大学学研大厦 A 座　　邮　　编：100084
社 总 机：010-83470000　　邮　　购：010-62786544
投稿与读者服务：010-62776969，c-service@tup.tsinghua.edu.cn
质量反馈：010-62772015，zhiliang@tup.tsinghua.edu.cn
印 装 者：三河市少明印务有限公司
经　　销：全国新华书店
开　　本：185mm×260mm　　印　　张：16.25　　字　　数：410 千字
版　　次：2024 年 8 月第 1 版　　印　　次：2025 年 5 月第 2 次印刷
定　　价：69.80 元

产品编号：106748-01

序言

FPGA 技术作为现代电子信息工程领域的璀璨明珠，其高度的灵活性和可定制性为设计者提供了无尽的创意空间。从基础逻辑功能的实现，到复杂的数字信号处理任务的完成，FPGA 都展现出了强大的能力。它不仅在通信和图像处理等领域大放异彩，而且在国防军事、航空航天、工业自动化、自动驾驶和人工智能等关键领域发挥着举足轻重的作用。

本书以 Xilinx 公司的 FPGA 为开发平台，深入浅出地阐述 FPGA 的基本原理、架构、设计流程及编程语言。本书理论知识结合丰富的应用项目案例，带领读者身临其境地感受 FPGA 设计的魅力。作者通过大量的示意图、应用实例和核心代码讲解，帮助读者更快地掌握 FPGA 设计的精髓，这些内容都是作者多年经验的总结，值得读者反复研读。

FPGA 技术日新月异，不断有新的技术和应用涌现。作为一名从业者，需要时刻保持学习的热情，紧跟时代的步伐。本书不仅是一本学习 FPGA 技术的优秀教程，而且是一本激发创新思维、提升专业技能的学习宝典。通过阅读本书，相信每位读者都能对 FPGA 技术有更深入的理解，从而在工作中更加得心应手地使用它，让其发挥出更大的价值。

FPGA 技术的发展离不开每位从业者的努力和贡献，在此鼓励每位 FPGA 技术爱好者和研究人员积极地参与 FPGA 技术的研究和创新。只有大家一起努力，共同推动，才能让 FPGA 技术在更多的领域得到更广泛的应用，发挥出更大的作用，为科技进步做出更大的贡献。

最后，特别感谢寇强先生！他将自己近 10 年的 FPGA 工作经验和心得无私地分享给每位想学习 FPGA 的人，让大家能够在前人的指引下踏上 FPGA 设计的正确道路，而且能够走得更远、更从容。

北京至芯开源科技有限责任公司总经理　雷斌

2024 年 6 月

FPGA（Field Programmable Gate Array，现场可编程门阵列）是在 PAL 和 GAL 等可编程器件的基础上进一步发展的产物。它是作为专用集成电路（ASIC）领域的一种半定制电路而出现的，既解决了定制电路的不足，又克服了原有可编程器件门电路数有限的缺点。最初，FPGA 主要应用于传统领域，随着信息产业与微电子技术的发展，其发展速度越来越快。尤其近几年，FPGA 的发展非常迅猛，其影响力越来越大。例如，比特币挖矿、数据采集、人工智能等领域都可以看到 FPGA 的身影。如今，FPGA 的应用遍及航空航天、汽车、医疗和工业控制等领域。

2010 年，笔者在大学导师那里第一次接触 FPGA，那时感觉 FPGA 很神秘。正是这种神秘感，吸引笔者进入了该行业，开始了 FPGA 编程之旅。笔者大学毕业至今一直从事 FPGA 逻辑设计与验证的相关工作，这些工作经历使得笔者积累了丰富的项目开发经验，如今已在 FPGA 接口应用领域取得了一些成就。

基于上述经历，笔者想通过一本书将自己多年以来积累的 FPGA 设计心得和项目开发经验分享给需要的人。具体而言，笔者编写本书的主要原因有以下 4 点：

- ❑ 行业需求使然。FPGA 行业发展迅猛，应用领域广泛，人才缺口很大，而图书市场上缺少通俗易懂且实用性强的能带领读者快速上手的图书。
- ❑ 笔者一直在思考，有没有一种低门槛、易消化、易掌握和易上手的方法，让初学者可以快速掌握 FPGA 技术，笔者想通过本书来尝试解决这个问题。
- ❑ 笔者想通过本书分享自己多年积累的 FPGA 设计心得和项目开发经验，让 FPGA 学习人员少走弯路，能更快地将所学知识应用于产品和项目开发，从而加速产品和项目的上市。
- ❑ 笔者想通过一本书，让行业内入职的新人可以通过自学快速掌握 FPGA，从而节省大量的培训时间和成本。

本书以一位 FPGA 从业者的身份，详细介绍 FPGA 产品或项目开发所需要的基本技能。本书首先从 FPGA 的理论知识讲起，详细介绍 FPGA 芯片的发展背景、常用专业术语和硬件描述语言的基本语法，然后介绍 FPGA 的验证方法和知识产权应用，最后结合实例详细介绍低速接口设计与高速接口设计，并总结 FPGA 的开发技巧，以加深读者对 FPGA 设计与验证技术的理解。通过阅读本书，读者可以系统地掌握 FPGA 设计的精髓和流程，并达到实际上手开发产品或项目的水平。

本书特色

- ❑ **内容丰富**：首先从 FPGA 的理论知识入手，详细介绍 FPGA 芯片设计的背景、常用专业术语、硬件描述语言的基本语法；然后介绍 FPGA 的验证方法和知识产权应用；最后详细介绍低速接口和高速接口设计实例，并总结 FPGA 的开发技巧。

❑ **实例丰富**：在讲解中穿插多个典型实例，带领读者上手实践，并加深对 FPGA 设计与验证技术的理解，进而快速掌握 FPGA 的开发流程，上手开发实际产品和项目。

❑ **图文并茂**：在讲解中给出大量的示意图，帮助读者高效、直观地理解 FPGA 的各种概念和实现原理。

❑ **注重技巧**：总结大量的开发技巧，让读者少走很多弯路，从而加速新产品的上市，甚至提前交付项目。

❑ **源码实用**：本书涉及的实例源码大多来源于实际项目，并给出详细的注释，读者对这些源码稍加修改即可直接用于实际项目。

❑ **提供习题**：每章都提供习题，帮助读者巩固和提高所学的知识。

❑ **配教学 PPT**：提供配套教学 PPT，方便相关院校的授课教师教学时使用。

本书内容

第 1 篇　Xilinx FPGA 基础知识

本篇涵盖第 1～4 章，主要介绍 FPGA 的概念、设计流程、基本理论、描述语言和功能验证等内容。通过学习本篇内容，读者可以快速掌握 FPGA 设计的基础知识。

第 1 章 FPGA 概述，主要介绍 FPGA 的芯片厂商、应用领域、设计流程，以及 FPGA 工程师需要掌握的基本技能。通过学习本章内容，读者可以对 FPGA 有个大致的了解。

第 2 章 FPGA 的基本理论，主要介绍 FPGA 的时钟、复位、时序、异步时钟域和约束等相关知识。通过学习本章内容，读者可以系统地了解 FPGA 的基本理论知识。这些知识在 FPGA 设计中经常用到，其伴随 FPGA 设计的整个过程，是 FPGA 逻辑设计不可缺少的一部分。

第 3 章 FPGA 的硬件描述语言，主要介绍 VHDL、Verilog HDL 和 System Verilog 语言的语法基础，以及 FPGA 设计规范与编程技巧。通过学习本章内容，读者可以快速掌握 FPGA 的常用硬件描述语言，以便进行项目开发。

第 4 章 FPGA 功能验证，主要介绍验证的基本概念、仿真激励的编写、常用系统函数任务的调用，以及 Vivado 仿真软件的使用等。通过学习本章内容，读者可以学会验证自己编写的模块是否满足功能要求。

第 2 篇　Xilinx FPGA 逻辑设计

本篇涵盖第 5～10 章，主要介绍 FPGA 的常用 IP 核设计、用户代码封装、低速接口设计、高速接口设计、硬件调试和开发技巧等内容。FPGA 在逻辑接口领域的应用非常广泛。例如，在实际产品的设计中，很多情况下需要与 PC（个人计算机）进行数据通信，将采集的数据发送给 PC 处理，或者将处理后的结果传送给 PC 进行显示等。通过学习本篇内容，读者可以快速掌握 FPGA 接口设计的核心基础知识，从而为实际项目开发打下坚实的基础。

第 5 章 FPGA 的知识产权，主要介绍 MMCM、FIFO、RAM、Counter 等常用 IP 核的设计与应用。通过学习本章内容，读者可以快速掌握常用 IP 核的设计方法。

第 6 章 FPGA 代码封装，主要介绍用户代码的 IP 核封装和网表文件封装的基本流程。通过学习本章内容，读者可以快速掌握 FPGA 代码封装的方法，为代码加密设计打下基础。

第 7 章 FPGA 低速接口设计，主要介绍 SPI、UART、IIC 和 CAN 这 4 种总线的逻辑设计方法。通过学习本章内容，读者可以掌握低速接口设计的方法，包括方案设计、代码设计、功能仿真和硬件调试。

第 8 章 FPGA 高速接口设计，主要介绍 DDR3 和 PCIE 这两种接口的设计方法。通过学习本章内容，读者可以快速掌握高速接口的设计方法，包括方案设计、代码设计、功能仿真与硬件调试。

第 9 章 FPGA 硬件调试，基于 Vivado 软件环境，以一个简单的闪烁灯为例，介绍其 FPGA 硬件调试流程。通过学习本章内容，读者可以简单地了解 FPGA 的硬件调试流程。对于一些复杂的 FPGA 设计，可以通过本章介绍的调试方法进行硬件逻辑功能的调试。

第 10 章 FPGA 开发技巧，主要介绍笔者基于 Xilinx FPGA 进行逻辑设计与验证过程中总结的一些 FPGA 项目开发技巧与心得体会，包括 FPGA 时钟管理、FPGA 复位设计、FPGA 时钟域处理、FPGA 通用模块设计和 FPGA 检查表开发。通过学习本章内容，读者可以掌握 FPGA 的开发技巧，从而少走弯路，提高 FPGA 产品设计的效率。

读者对象

- ❏ FPGA 接口设计入门人员；
- ❏ FPGA 接口设计从业人员；
- ❏ 硬件设计工程师；
- ❏ 硬件设计科研人员；
- ❏ 高校电子信息等相关专业的学生。

配套资源获取

本书提供实例源码文件、习题参考答案和教学 PPT 等配套资源。这些资源有两种获取方式：一是关注微信公众号"方大卓越"，回复数字"26"获取下载链接；二是在清华大学出版社网站（www.tup.com.cn）上搜索到本书，然后在本书页面上找到"资源下载"栏目，单击"网络资源"或"课件下载"按钮进行下载。

致谢

在编写本书的过程中，笔者查阅了大量的资料，参考了 Xilinx 公司官方网站（http://www.xilinx.com）提供的英文资料以及 Vivado 提供的 IP 核数据手册与帮助文档，在此对资料的作者和提供者表示衷心的感谢！另外也要感谢北京至芯开源科技有限责任公司总经理雷斌、FPGA 资深工程师党亚鹏、FPGA 高级工程师宋哲和系统架构工程师郝焕妮，他们 4 位为本书提出了宝贵的意见和建议，在此表示衷心的感谢！此外，感谢妻子全力照顾家庭，为笔者编写本书腾出了大量的时间。

售后服务

　　由于笔者水平所限，书中可能还存在疏漏与不足之处，恳请广大读者批评与指正。同时也欢迎广大读者就 FPGA 设计和验证等相关技术与笔者交流。

　　联系邮箱：bookservice2008@163.com。

寇强

2024 年 6 月于西安

|目录|

第1篇　Xilinx FPGA 基础知识

第 2 篇　Xilinx FPGA 逻辑设计

第1篇
Xilinx FPGA 基础知识

第 1 章　FPGA 概述

本章以 FPGA 是什么、FPGA 芯片厂商和 FPGA 的应用领域为出发点，让读者快速了解什么是 FPGA，FPGA 的作用及 FPGA 的行业发展前景。通过介绍 IC 和 FPGA 的设计流程，让读者快速了解 FPGA 的设计流程。本章的最后将介绍 FPGA 人才需求和 FPGA 的基本技能，让读者了解一名合格的 FPGA 工程师需要掌握哪些基本技能。

本章的主要内容如下：

❑ 什么是 FPGA。
❑ FPGA 芯片厂商介绍。
❑ FPGA 的应用领域介绍。
❑ FPGA 的设计流程介绍。
❑ FPGA 的人才需求介绍。
❑ FPGA 工程师的基本技能介绍。

1.1　什么是 FPGA

FPGA（Field Programmable Gate Array）是在 PAL 和 GAL 等可编程器件的基础上进一步发展的产物。它是作为专用集成电路（ASIC）领域中的一种半定制电路而出现的，既解决了定制电路的不足，又克服了原有可编程器件门电路数有限的缺点。近几年，FPGA 的发展非常迅速，影响也越来越大，如数据采集和人工智能等领域都可以看到 FPGA 的身影。

FPGA 是一种器件或芯片，通俗地说是一种功能强大的数字芯片，在该芯片上可以进行数字电路设计。

一句话概括：FPGA 是一种可以通过编程来改变其内部结构的芯片。

1.2　FPGA 芯片厂商

在 FPGA 领域，Xilinx（赛灵思）和 Altera（阿尔特拉）这两家公司占据了 90% 的市场份额，而 Lattice（莱迪思）和 Actel（阿克泰尔）公司只能在特殊领域占有一定的份额。

1.2.1　国外 FPGA 厂商简介

1. Xilinx公司

Xilinx 是全球领先的可编程逻辑完整解决方案的供应商。Xilinx 公司研发的高级集成电路、软件设计工具及作为预定义系统级功能的 IP（Intellectual Property）核应用非常广泛。客户使用 Xilinx 及其合作伙伴的自动化软件工具和 IP 核对器件进行编程，可以完成特定的逻辑操作。Xilinx 公司成立于 1984 年，其首创了现场可编程逻辑阵列（FPGA）这项技术，并于 1985 年首次推出商业化产品。

2．Altera公司

自发明世界上第一个可编程逻辑器件开始，Altera 公司一直秉承创新的传统，是世界上"可编程芯片系统"（SOPC）解决方案倡导者。Altera 公司结合带有软件工具的可编程逻辑技术、知识产权（IP）和技术服务，在世界范围内为 14 000 多个客户提供高质量的可编程解决方案。

3．Lattice公司

Lattice 半导体公司于 1983 年在俄勒冈州成立，1985 年在特拉华州重组。Lattice 半导体公司提供业界范围最广的现场可编程逻辑阵列（FPGA）、可编程逻辑器件（PLD）及其相关软件，包括现场可编程系统芯片（FPSC）、复杂的可编程逻辑器件（CPLD）、可编程混合信号产品（ispPAC）和可编程数字互连器件（ispGDX）。

4．Actel公司

Actel 公司成立于 1985 年，位于美国纽约。Actel 公司专注于美国军工和航空领域，产品以反熔丝结构 FPGA 和基于 Flash 的 FPGA 为主，具有抗辐照和可靠性高的优势。2010年该公司被安美森收购。

1.2.2　国内 FPGA 厂商简介

目前市场上应用比较多的是 Xilinx 和 Altera 公司的产品，由于我国众多产品推行国产化，所以国产 FPGA 取代国外 FPGA 是未来的发展趋势。国内 FPGA 厂商介绍如下。

1．安路科技

上海安路信息科技有限公司（简称安路科技）成立于 2011 年，其总部位于浦东新区张江高科技园区。安路科技专注于为客户提供高性价比的可编程逻辑器件、可编程系统级芯片、定制化嵌入式 eFPGA IP 及相关软件设计工具和创新系统解决方案。

2．高云半导体

广东高云半导体科技股份有限公司（简称高云半导体）是一家专业从事国产现场可编程逻辑器件研发的高科技企业，旨在推出具有核心自主知识产权的民族品牌 FPGA 芯片，为客户提供集设计软件、IP 核、参照设计、开发板和定制服务等一体化的完整解决方案。

通过最新工艺的选择和设计优化，高云半导体的产品可以比现有市场上的国际同类产品速度更快或相当，但功耗大大降低，可以大批量替换国际 FPGA 主流芯片，使我国在中高密度 FPGA 应用中摆脱国际高端芯片需要进口的限制，在部分 4G 和 5G 通信网络建设、数据中心安全、工业控制等应用中有自己的国产芯片。

3．西安智多晶

西安智多晶微电子有限公司（简称西安智多晶，XIST）于 2012 年 11 月在西安成立，是由一支海外归国华侨团队创立的高科技公司。

西安智多晶专注于可编程逻辑电路器件技术的研发生产，为客户提供高质量、低功耗、低成本和马上可投入量产的系统集成解决方案。经过多年的发展，其产品从单一的 CPLD 产品发展为多元系列化的 CPLD 和 FPGA 产品，并为客户提供 FPGA 和 CPLD 的系统解决方案。

4．紫光同创

深圳市紫光同创电子有限公司（简称紫光同创）于 2013 年 12 月 20 日在深圳市市场监督管理局南山局登记成立。该公司系紫光集团的下属公司，专业从事可编程逻辑器件（FPGA、CPLD 等）的研发与生产销售，是中国 FPGA "领导" 厂商，致力于为客户提供完善、具有自主知识产权的可编程逻辑器件平台和系统解决方案。该公司的产品覆盖通信、工业控制、视频监控、消费电子、数据中心等应用领域。

5．上海遨格芯

上海遨格芯微电子有限公司（简称上海遨格芯）于 2015 年 3 月 11 日在上海市自贸区市场监督管理局登记成立。该公司经营范围包括微电子科技、信息科技、集成电路芯片领域内的技术开发等。该公司自创办以来，始终专注于研发自主知识产权的 FPGA 核心软件和硬件技术，已经推出三个系列的 CPLD、FPGA 和 Programmable SoC 产品进入量产，已得到多家知名厂商认证，在多元化的市场量产出货，是首家得到国内商用市场认可的国产 FPGA 供应商，并且其产品已通过三星供应商认证。

1.3　FPGA 的应用领域

FPGA 最初是应用于传统的领域，随着信息产业及微电子技术的发展，FPGA 的发展也非常迅速，如今，FPGA 的应用遍及航空航天、汽车、医疗和工业控制等领域，下面主要从三个领域介绍 FPGA 的应用。

1.3.1　数据采集领域

使用 FPGA 进行数据采集的应用非常广泛，如视频数据采集和 AD 数据采集等。在 AD 数据采集系统中，主要利用 FPGA 采集 AD 数据，通常的实现方法是利用 A/D 转换器将模拟信号转换为数字信号，先发送给 FPGA 处理器进行数据采集，然后发送给处理器进行数据处理，如利用单片机（MCU）、微处理器（ARM）或者数字信号处理器（DSP）进行运算和处理。

1.3.2　逻辑接口领域

在实际项目或产品设计中，很多情况下需要 FPGA 与 PC 进行数据通信。例如，FPGA 负责进行 AD 数据采集，然后通过以太网接口把采集数据发送给 PC 进行数据处理。PC 与外部系统通信的接口比较丰富，如 USB 接口、PCIE 接口和 UART 接口等，这时就需要 FPGA 实现 USB 接口、PCIE 接口和 UART 接口。

如果需要实现较多的接口设计，就需要较多的外围芯片，系统体积和功耗都比较大。采用 FPGA 实现逻辑接口方案，可以大大简化外围电路的设计，因为 FPGA 可编程 I/O 资源丰富，所以 FPGA 可以实现各种接口设计。常用的低速接口包括 SPI 接口、UART 接口、IIC 接口和 CAN 接口等；常用的以太网接口包括 GMII 接口、RGMII 接口、SGMII 接口和 QSGMII 接口等；常用的存储器接口包括 DDR2 接口、DDR3 接口和 DDR4 接口；常用的高速接口包括 SRIO 接口和 PCIE 接口等。

1.3.3　数字信号处理领域

无线通信、软件无线电、高清影像编辑和处理等领域，对信号处理所需的计算量提出了极高的要求。传统的解决方案一般是采用多片 DSP 并联构成多处理器系统来满足设计需求，但多处理器系统带来的主要问题是设计复杂度和系统功耗大幅度增加，使系统稳定性受到影响。FPGA 支持并行计算，而且密度和性能都在不断提高，可以在很多领域替代传统的多 DSP 解决方案。

1.3.4　其他领域

目前，FPGA 工艺技术已达 7nm 和 10nm 级，可实现 4 至 5 亿门器件规模。无线通信、人工智能、消费电子和医疗科学等领域正在成为全球 FPGA 市场规模增长的主力。FPGA 不仅在数据采集领域、逻辑接口领域和数字信号处理领域应用广泛，在以下这些新兴行业中也能看见它的身影。

- ❑ 汽车电子领域，如网关控制器、车用 PC 和远程信息处理系统。
- ❑ 军事领域，如安全通信、雷达、声呐和电子战等。
- ❑ 测试和测量领域，如通信测试和监测、半导体自动测试设备和通用仪表。
- ❑ 消费产品领域，如显示器、投影仪、数字电视、机顶盒和家庭网络。
- ❑ 医疗领域，如软件无线电、电疗和生命科学。

1.4　FPGA 的设计流程

FPGA 的设计流程是遵循着 ASIC 的设计流程发展的，包括需求分析（功能定义）、设计输入（代码输入）、功能仿真（设计验证）、逻辑综合、布局布线、芯片编程与调试，如图 1.1 所示。设计文档和代码管理属于产品研发环节，不属于 FPGA 设计环节但非常重要，希望读者能养成将设计文档和代码及时归档的习惯。

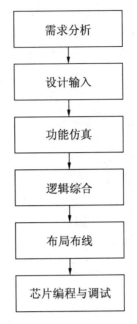

图 1.1　FPGA 的设计流程

说明：“设计文档和代码管理”属于产品研发环节，不属于 FPGA 设计流程但非常重要，希望读者能养成将设计文档和代码及时归档的习惯。

1.4.1　需求分析

磨刀不误砍柴工，FPGA 设计的需求分析是整个设计的第一步。如何将系统的功能需求转换成 FPGA 的设计需求，是 FPGA 架构设计的首要问题。需求分析就是与客户进行积极沟通，从而形成一个可以实现的需求说明书，简单地说就是确定客户需要实现什么功能。

如果需求分析不明确，则会在项目收尾阶段出现一些问题，这些问题可能会导致项目返工。FPGA 需求不明确的直接结果如下：

❑ 性能不满足需求；
❑ 设计频繁变更；
❑ 系统不稳定，调试问题不收敛。

1.4.2　设计输入

设计输入也称为编写代码，即根据客户需求，使用硬件描述语言、原理图或者知识产权设计用户需要的逻辑功能。

1. 硬件描述语言

硬件描述语言用来实现客户需要的逻辑功能。硬件描述语言主要分为 3 种，分别为

Verilog HDL、VHDL 和 System Verilog 语言。

2．原理图

用户使用底层原语或模块设计客户需要的逻辑功能，原理图设计一般较少使用。

3．知识产权设计

用户使用 FPGA 厂商提供的知识产权核（IP 核）或第三方 IP 核设计客户需要的逻辑功能。常用的 IP 核有 FIFO IP 核、RAM IP 核和 ROM IP 核等。

1.4.3　功能仿真

FPGA 设计主要基于模块进行逻辑设计。基本的 FPGA 模块编写完成后，要使用仿真软件对设计模块进行功能仿真，验证设计模块的基本功能是否符合预期。功能仿真也称为前仿真。

常用的仿真软件有 Mentor 公司的 Modelsim 仿真软件，Synopsys 公司的 VCS，Cadence 公司的 NC-Verilog 和 NC-VHDL。功能仿真可以加快 FPGA 的设计，减少设计过程中的错误。一般 FPGA 厂商自带的 FPGA 开发软件都支持功能仿真，如 Xilinx 厂商的开发工具 ISE 和 Vivado 都可以进行功能仿真。

1.4.4　逻辑综合

这里主要从 3 个方面介绍逻辑综合，分别为综合、综合优化和逻辑综合。

综合就是将硬件描述语言（Hardware Description Language，简称 HDL）转化为针对特定架构的网表描述或门级电路的过程。

综合优化（Synthesize）是将硬件语言、原理图或 IP 核等设计输入翻译成由与门、或门、非门、RAM 和触发器等基本逻辑单元组成的逻辑连接（网表），并根据约束条件优化生成的逻辑连接输出网表文件的过程。

逻辑综合有系统级和实现过程两种定义。从系统级定义，逻辑综合在实质上是设计流程的一个阶段，在这个阶段中将较高级抽象层次的描述自动地转换成较低级层次的描述；从实现过程定义，逻辑综合通过综合器把 HDL 程序转换成标准的门级结构网表，而并非真实的门级电路，真实的电路需要利用 ASIC 和 FPGA 制造厂商的布局布线工具根据逻辑综合后生成的标准的门级结构网表来产生。

1.4.5　布局布线

布局布线是设计实现的一个步骤。设计实现可理解为利用 FPGA 开发工具（Xilinx 开发软件 Vivado）把逻辑映射到目标器件结构的资源中，决定逻辑的最佳布局，选择逻辑与输入、输出功能连接的布线通道进行连线并产生相应文件。简单地说，设计实现就是将综合输出的逻辑网表适配到特定的器件上并生成用于配置 FPGA 的位流文件。设计实现通常可分为如下 5 步：

（1）转换：将多个设计文件进行转换并合并到一个设计库文件中。

（2）映射：将网表中的逻辑门映射成物理元素，即把逻辑设计分割到构成可编程逻辑阵列内的可配置逻辑块与输入、输出块及其他资源中。

（3）布局与布线：布局是指从逻辑网表中取出定义的逻辑和输入、输出块，并把它们分配到 FPGA 内部的物理位置；布线是指利用自动布线软件使用布线资源选择路径试着完成所有的逻辑连接。

（4）时序提取：产生一个反标文件，供给后续的时序仿真使用。

（5）配置：产生 FPGA 配置时需要的位流文件。

1.4.6 芯片编程与调试

芯片编程与调试是 FPGA 设计的最后一个环节，这里主要从 4 个方面介绍芯片编程与调试，分别为芯片配置、配置形式、调试方法和电路验证。

芯片编程也叫芯片配置，是在功能仿真与时序仿真都正确的前提下，将综合形成的位流下载到具体的 FPGA 芯片中。

FPGA 设计有两种配置形式：直接由计算机经过专用下载电缆进行配置，由外围配置芯片进行上电时自动配置。

在线 FPGA 调试方法基本有两种：使用嵌入式逻辑分析仪，以及使用全功能外部逻辑分析仪。从成本与灵活性上分析，大多数 FPGA 厂商提供了嵌入式逻辑分析仪内核，而其价格要低于全功能外部逻辑分析仪，具体选择哪种方法取决于项目的调试需求。

电路验证：将位流文件下载到 FPGA 器件内部后进行实际器件的物理测试，如果得到正确的验证结果，则证明设计正确。

1.4.7 文档和代码管理

对于公司来说，对设计文档和设计代码的管理非常重要。

1．设计文档的管理

一个规范的设计文档主要有以下两个优势。

1）便于阅读代码

在项目开发中，设计人员应按照规范完成项目的设计工作，清晰归类工程文件夹，使项目拥有完整的文档，代码书写规范，文件头包含的信息完整，从而使团队的其他成员阅读时一目了然。

2）便于维护与移植代码

在项目开发中，开发人员将自己的设计思路和调试记录在文档中，有利于以后对模块功能的添加和维护，在项目联调时不但方便项目组其他成员阅读代码，而且方便不同厂家 FPGA 之间的移植及 FPGA 到 ASIC 的移植。

2．设计代码的管理

FPGA 设计代码的管理主要分为两个方面，分别为 FPGA 工程管理和 FPGA 文档管理。

1）FPGA 工程管理

清晰的文档命名能够让我们的思路非常清晰，因此 FPGA 工程文件夹的目录要求层次鲜明，归类清晰。FPGA 工程管理文件夹举例如下：

- ❑ 第一级文件夹为 FPGA 工程名称。
- ❑ 第二级文件夹为 FPGA 工程资料（需要多个文件夹，分别存放不同的资料），主要资料包括设计源文件、设计激励文件、IP 核文件、设计文档，其中，设计文档包括 FPGA 需求分析、FPGA 概要设计、FPGA 详细设计、FPGA 仿真文件和 FPGA 调试文件等。

2）FPGA 文档管理

一个规范的 FPGA 代码文档应该包含的内容如下：

- ❑ 输入、输出信号列表及含义。
- ❑ 输入、输出信号的时序及时序的限制条件。
- ❑ 内部关键状态机跳转状态转移图。
- ❑ 内部关键电路时序图及时序说明。
- ❑ 关键算法说明，定点数据流图。
- ❑ 性能描述。

1.5　FPGA 的人才需求

由于 FPGA 应用领域非常广泛，所以 FPGA 人才需求逐年递增，甚至 FPGA 工程师供不应求。这里主要从三个方面来分析 FPGA 人才需求现状，分别为 FPGA 人才紧缺、FPGA 工程师从事的工作及 FPGA 人才培养。

1．FPGA人才紧缺原因

造成 FPGA 人才紧缺的原因主要有两个，分别是 FPGA 需求生产失衡和 FPGA 入门难度高。

1）FPGA 需求与生产失衡

FPGA 具有灵活、高效、可重复编程，可实现定制性能、定制功耗、高吞吐量和低批量延迟的特性，因此在人工智能、云服务、5G、自动驾驶和视觉处理等领域的应用越来越广泛，这种高速的发展带来的问题就是人才严重不足。

2）FPGA 入门难度高

FPGA 行业入门难度高的原因主要有两个，分别为非系统学习及 FPGA 设计与硬件直接相关。

- ❑ 非系统学习。目前，高校还没有针对 FPGA 人才制定系统的培训体系，因此新手入门难，从业人员的提升更难。
- ❑ FPGA 设计与硬件直接相关。FPGA 的设计需要一些调试仪器，如示波器、万用表、频谱仪和信号发生器等，这些设备比较昂贵，因此 FPGA 行业入门门槛较高。新手在遇到一些问题时，若由于没有调试设备而无法定位，很有可能会放弃学习。

2．FPGA工程师从事的工作

FPGA 工程师包括硬件工程师和软件工程师。硬件工程师主要根据项目需求、FPGA 内部架构、工作环境及相关驱动条件来构造硬件平台，包括硬件原理图设计、PCB 设计、硬件芯片焊接、硬件调试。软件工程师主要负责一些相关的算法，并通过逻辑代码加以实现。

3．FPGA人才培养

FPGA 人才紧缺问题已经暴露了国内 FPGA 快速发展的"短板"，在解决方法上，仍然需要政府、企业和高校联动，共同建立国内的 FPGA 生态，促进我国 FPGA 的发展。下面介绍几种 FPGA 自学的方法：

❑ FPGA 培训。定期参加 FPGA 培训，可以是线上或者线下培训，以系统地掌握 FPGA 设计流程和基础知识。
❑ FPGA 自学。通过网络资源和图书资源学习 FPGA 技术，直到参与项目或者产品设计。

1.6 FPGA 工程师的基本技能

一个 FPGA 工程师应该具备哪些基本技能呢？这里主要从以下 5 个方面进行描述。

1．掌握硬件描述语言

硬件描述语言是电子系统硬件行为描述、结构描述和数据流描述的语言。硬件描述语言主要有 VHDL、Verilog HDL 和 System Verilog，目前最流行的是 Verilog 和 System Verilog，本书将以这两种语言为基础进行逻辑设计与仿真激励设计。

☎建议：掌握一种 FPGA 的编程语言。

2．掌握开发软件

FPGA 设计常用的开发软件如下：
❑ Intel 公司的 FPGA 开发软件 QuartusII。
❑ Xilinx 公司的 FPGA 开发软件 ISE 和 Vivado。
❑ Lattice 公司的 FPGA 开发软件 Diamond。

☎建议：每个FPGA 厂商都有自己的开发软件，可以掌握多个厂商的 FPGA 开发软件。

3．掌握仿真软件

FPGA 设计常用的仿真软件如下：
❑ Intel 公司的 FPGA 仿真软件 QuartusII。
❑ Xilinx 公司的 FPGA 仿真软件 ISE 和 Vivado。

❑ Mentor 公司的 FPGA 仿真软件 Modelsim。

❑ Synopsys 公司的 FPGA 仿真软件 VCS。

☎建议：每个 FPGA 厂商都有自己的仿真软件，可以掌握多个厂商的 FPGA 仿真软件。

4．掌握调试工具

FPGA 设计常用的调试工具如下：

❑ Intel 公司的 FPGA 调试工具 Signaltap。

❑ Xilinx 公司的 FPGA 调试工具 ISE Chipscope 和 Vivado Debug。

❑ Lattice 公司的 FPGA 调试工具 Reveal。

☎建议：每个 FPGA 厂商都有自己的调试工具，可以掌握多个厂商的 FPGA 调试工具。

5．具有英文阅读能力

具有较高的英文阅读能力是 FPGA 工程师的基本技能，因为经常需要使用英文软件、登录英文网站、阅读英文手册，并且需要用英文来编写代码。

1.7　本章习题

1．FPGA 是什么？

2．FPGA 芯片厂商有哪些？

3．FPGA 应用领域有哪些？

4．FPGA 的设计流程是什么？

5．FPGA 工程师的基本技能有哪些？

第 2 章　FPGA 的基本理论

本章将介绍在 FPGA 设计中常用的专业名词，帮助读者快速掌握 FPGA 的基本概念。
本章的主要内容如下：
- ❑ 时钟模型、时钟抖动、时钟偏斜介绍，以及如何设计 FPGA 用户时钟。
- ❑ FPGA 的复位方式介绍，以及如何设计 FPGA 用户复位。
- ❑ 建立时间、保持时间、亚稳态介绍。
- ❑ FPGA 异步时钟域处理的几种方法介绍。
- ❑ FPGA 的约束类型介绍。
- ❑ FPGA 的专业术语。

2.1　FPGA 时钟

时钟是 FPGA 设计中最重要的信号，FPGA 时钟的主要作用如下：
- ❑ 系统内大部分器件的动作都是在时钟的跳变沿（上升沿、下降沿或双沿）上进行，
  这就要求时钟信号时延（时钟延时）差非常小，否则可能会造成时序逻辑状态出错。
- ❑ 时钟信号通常是系统中频率最高的信号，因此要合理分频时钟频率。
- ❑ 时钟信号通常是负载最重的信号，因此要合理分配负载。

本节将从时钟模型、时钟抖动、时钟偏斜和时钟设计四个方面介绍时钟信号，让读者
了解时钟的基本概念和 FPGA 时钟的设计方法。

2.1.1　时钟模型

理想的时钟模型是一个占空比为 50%且周期固定的方波。FPGA 程序运行的条件就是需要一个可靠的时钟，如果没有这个时钟，则 FPGA 程序无法运行；如果这个时钟不可靠，则 FPGA 程序可能会出现逻辑错误，最终导致 FPGA 系统功能紊乱。理想的时钟模型如图 2.1 所示。

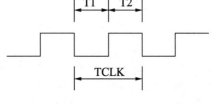

图 2.1　理想的时钟模型

2.1.2　时钟抖动

在系统时序设计中，对时钟信号的要求是非常严格的，因为所有的时序计算都是以恒定的时钟信号为基准的。但在实际中，时钟信号不可能总是那么完美，会出现时钟抖动

（Jitter）和时钟偏斜（Skew）的问题。

时钟抖动是指在芯片的某个给定点上时钟周期发生暂时性变化，使得时钟周期不再加长或缩短。也可以理解为时钟抖动是指两个时钟周期之间存在一定的差值（T = T2 - T1）。时钟抖动如图 2.2 所示。

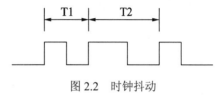

图 2.2 时钟抖动

2.1.3 时钟偏斜

时钟偏斜指同一个时钟信号到达两个不同寄存器之间的时间差值。时钟偏斜一直存在，但达到一定程度才会严重影响电路的时序。

时序偏斜示意图如图 2.3 所示。时钟在图 2.3 所示的结构中传输也会有延迟，由于时钟网络布线存在传输延迟，所以时钟偏斜是同一个时钟信号到达相邻寄存器和目的寄存器的时间差值（相位差）。时序分析的起点是源寄存器（FF1），终点是目的寄存器（FF2）。时钟信号从时钟源传输到源寄存器的延迟为 T1，传输到目的寄存器的延迟为 T2，时钟网络的延迟为 T2 与 T1 之差，即时钟偏斜（T2-T1），如图 2.4 所示。

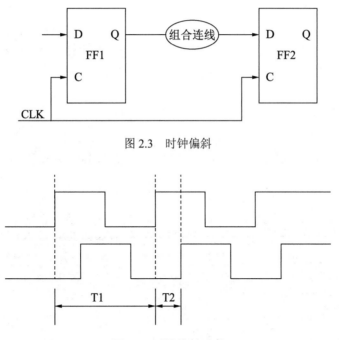

图 2.3 时钟偏斜

图 2.4 时钟偏斜时序

2.1.4 时钟设计

FPGA 时钟来源主要有外部时钟源（晶振）和内部时钟源（RC 振荡电路）。那么 FPGA 时钟应该如何设计呢？外部通过源晶振提供时钟，连接到 FPGA 专用时钟输入引脚，利用 FPGA 内部的锁相环（PLL）或时钟管理单元（MMCM）将外部时钟频率进行倍频或者分频，甚至进行相位调整，这样就可以产生用户需要的时钟。其中，PLLIP 核和 MMCM IP

核属于开源知识产权，用户不用进行设计开发，直接例化使用即可。

2.2　FPGA 复位

在 FPGA 设计中，复位起到的是同步信号的作用，能够将所有的存储元件设置成已知状态，FPGA 常用的复位方式如下：

❑ 硬件复位：复位信号接一个按键，实现硬复位。

❑ 电源芯片复位：上电时电源芯片产生复位脉冲，实现系统复位。

❑ 控制芯片复位：控制芯片产生复位脉冲，实现系统复位。

❑ 软复位：利用编程语言实现系统复位。

本节将从复位概念、复位方式和复位设计三个方面介绍复位信号，让读者了解复位的基本概念和 FPGA 复位的设计方法。

2.2.1　复位的概念

复位，顾名思义就是重新回到原始位置。在进行 FPGA 程序设计时为什么要进行复位呢？复位的目的是在系统启动或内部模块功能发生错误时将设计强制定位在一个初始可知状态，也就是说复位能保证系统功能正常。

2.2.2　复位方式

FPGA 常用的复位方式主要有两种，分别为同步复位和异步复位。

1．同步复位

同步复位是指复位信号只有在时钟上升沿到来时才能有效；否则，无法完成对系统的复位工作。使用 Verilog HDL 编写同步复位计数器的部分程序如下：

```
//同步复位写法
reg  [7:0] count1;                        //计数器变量定义
always @(posedge clk)begin
  if(reset)
    count1 <= 0;
  else
    count1 <= count1 + 1'b1;
end
```

2．异步复位

异步复位是指无论时钟沿是否到来，只要复位信号有效，就对系统进行复位。使用 Verilog HDL 编写异步复位计数器的部分程序如下：

```
//异步复位写法
reg  [7:0] count2;                        //计数器变量定义
always @(posedge clk,posedge reset)begin
  if(reset)
```

```
    count2 <= 0;
  else
    count2 <= count2 + 1'b1;
end
```

3．复位总结

选择合理的复位方式是电路设计的关键。Xilinx FPGA 推荐同步复位且高电平有效的方式。

2.2.3　复位设计

复位设计是 FPGA 设计的一个关键步骤，如果设计不合适则会影响整个数字电路的功能和性能。那么如何进行复位设计呢？复位可以通过硬件复位，也可以通过软件复位。在数字电路设计中，设计人员一般把全局复位作为一个外部引脚来实现，在加电的时候进行初始化设计。全局复位引脚与其他输入引脚类似，对 FPGA 来说往往是异步的。设计人员可以使用这个全局复位引脚信号在 FPGA 内部对自己的设计进行异步或者同步复位。

- ❑ 硬复位：复位信号连接拨码开关或者按键。进行按键复位设计时，需要去抖动处理。
- ❑ 软复位：硬件上没有复位条件时，通过代码实现复位功能称为软复位。软复位可以通过计数器来产生复位信号，计数器可以控制复位的时间。

PLL 核的 Locked 信号可作为复位信号，PLL 上电后，Locked 信号为低电平，当信号稳定后便会拉高，正好满足复位的要求。

2.3　FPGA 时序

静态时序分析是指设计者提出一些特定的时序要求，套用特定的时序模型，针对特定的电路进行分析，分析的结果如果满足设计者提出的要求即达到时序的收敛。

FPGA 静态时序分析是非常重要的，如果不能满足时序要求，则会出现 FPGA 逻辑功能不稳定的现象，因此，我们必须重视 FPGA 时序设计。

建立时间和保持时间是 FPGA 时序约束中的两个基本概念，在芯片电路时序分析中也存在这两个概念。

本节将介绍时序的基本概念、建立时间、保持时间和亚稳态，让读者对时序有一个初步的了解，从而为实现时序设计打好坚实的基础。

2.3.1　时序的概念

FPGA 时序设计可以从两个方面进行理解，即时序波形（时序逻辑）和时序设计。

1．时序波形

时序波形是指预期信号按照时间节点进行输出。也可这样理解，FPGA 设计是靠时钟驱动的，时钟也可以视为时间，其一般以计数器为基准，在规定的时刻输出相应的波形才能完成具体的逻辑功能。

2．时序设计

时序设计在 FPGA 设计中很重要，时序设计的实质就是满足每一个触发器的建立时间和保持时间的要求。如果不满足，就可能出现亚稳态，从而导致系统功能不稳定。

3．时序模型

在静态时序分析中，时间路径和数据路径极为重要，它们也是分析建立时间和保持时间的较好的方法。典型的时序模型如图 2.5 所示。一个完整的时序路径包括源时钟路径、数据路径和目的时钟路径，也可以表示为触发器+组合逻辑+触发器的模型。

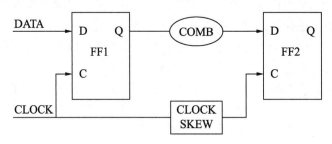

图 2.5　时序模型示意

最小时钟周期 $= Tcq + Tcomb + Tsu - Tskew$，其中各个参数说明如下：

- Tcq：发送寄存器 FF1 时钟端到 Q 端的延迟。
- Tcomb：数据路径中的组合逻辑延迟。
- Tsu：建立时间。
- Tclk：时钟周期。
- Tskew：时钟偏斜。

2.3.2　建立时间

对于一个数字系统而言，建立时间（Setup time）和保持时间（Hold time）可以说是数字电路时序的基础，这两个概念就如数字电路的地基，整个系统的稳定性取决于关键路径时序是否满足建立时间和保持时间。其中，建立时间是指在触发器的时钟信号上升沿到来以前数据稳定不变的时间，如果建立时间不够，则数据不能在这个时钟上升沿被打入触发器。可以理解为：在时钟到来之前，数据需要提前准备好，建立时间示意如图 2.6 所示。

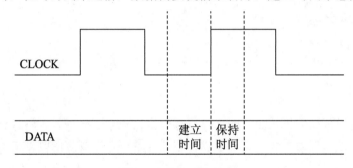

图 2.6　建立时间示意

2.3.3　保持时间

保持时间是指在触发器的时钟信号上升沿到来以后，数据稳定不变的时间，如果保持时间不够，数据同样不能被打入触发器。可以理解为：在 CLK（clock）到来之后，需要数据保持稳定，即数据在 CLK 到来之后"不能变化"，这段时间称为保持时间。保持时间示意可参考图 2.6。

2.3.4　亚稳态

亚稳态是指触发器无法在某个规定的时间段内达到一个可以确认的状态。触发器一旦进入亚稳态，输出将不稳定，在 0 和 1 之间变化，需要经过一段恢复时间其输出才能稳定，但稳定后的值并不一定是输入值。亚稳态会一级一级地传播下去，因此需要进行异步时钟域数据处理，防止触发器不满足建立时间或保持时间而进入亚稳态。

2.4　FPGA 异步时钟域

异步时钟域处理是在 FPGA 设计时经常遇到的问题，不处理或者处理不当，都会导致 FPGA 逻辑功能异常或者系统运行不稳定。那么，什么是异步时钟域？如何进行异步时钟域数据转换呢？本节将介绍 5 种异步时钟域转换方法。

2.4.1　异步时钟域的概念

CDC（不同时钟之间传数据）问题是 FPGA 设计中最令人头疼的问题。CDC 又分为同步时钟域和异步时钟域。例如，数据由 CLK1 时钟域传向 CLK2 时钟域，如果时钟 CLK1 与时钟 CLK2 没有任何相位关系，那么这两个时钟就是异步时钟。

在一款芯片中有多个时钟域非常常见，因此跨时钟域检查至关重要。本节将介绍跨时钟域的基本概念和异步时钟域数据转换方法，让读者充分理解什么是异步时钟域，以及异步时钟域数据如何转换。

- ❑ 时钟域：以寄存器捕获的时钟来划分时钟域。
- ❑ 跨时钟域：如果一个电路的发射时钟和捕获时钟不是同一个时钟，那么它就是跨时钟域。
- ❑ 同步时钟域：时钟频率和相位具有一定关系的时钟域。并非只有频率和相位相同的时钟才是同步时钟域，换句话说，如果两个时钟是同步时钟，则它们就是同步时钟域。
- ❑ 异步时钟域：异步时钟域的两个时钟没有任何关系，换句话说，如果两个时钟是异步时钟，则它们就是异步时钟域。
- ❑ 异步时钟域数据转换：将数据或信号在不同时钟域之间进行传输。例如，UART 接口模块时钟频率为 50MHz，以太网接口模块时钟频率为 125MHz，两个接口之间的数据交互时就需要进行异步时钟域数据转换。

2.4.2　异步时钟域数据转换策略

在 FPGA 逻辑设计中，处理异步时钟域数据转换的方法有异步 FIFO、双端口 RAM、延迟法、应答机制和格雷码转换。

1．异步FIFO

使用异步 FIFO 处理数据跨时钟域是 FPGA 通用的做法之一。可以使用写时钟写数据，使用读时钟读数据。例如，使用 50MHz 时钟进行 FIFO 数据写操作，使用 100MHz 时钟进行 FIFO 数据读操作，其中，FIFO 读写操作还需要依靠 FIFO 满信号和空信号，非满信号时写数据，非空信号时读数据。FIFO 一般使用通用的 IP 核，不需要用户进行设计开发，直接例化（调用）各个 FPGA 厂商的知识产权即可，这样可以加快开发速度，缩短开发周期。

2．双端口RAM

使用异步双口 RAM 处理数据跨时钟域是 FPGA 通用的做法之一。假设我们现在有一个信号采集平台，AD 芯片提供源同步时钟 60MHz，AD 芯片输出的数据在 60MHz 的时钟上升沿变化，而 FPGA 内部需要使用 100MHz 的时钟来处理 AD 采集数据。在这种场景中，我们可以使用异步双口 RAM 进行跨时钟域数据转换。先利用 AD 芯片提供的 60MHz 时钟将 AD 输出的数据写入异步双口 RAM，然后使用 100MHz 时钟从 RAM 中读出即可。

3．延迟法

延迟法也叫打两拍。对于单比特数据，一般采用打两拍的方式来处理跨时钟域问题。什么是打两拍呢？其实就是定义两级寄存器对输入的数据进行延拍。打两拍处理跨时钟域有两种应用场景，分别为慢时钟到快时钟应用场景和快时钟到慢时钟应用场景，如图 2.7 所示。

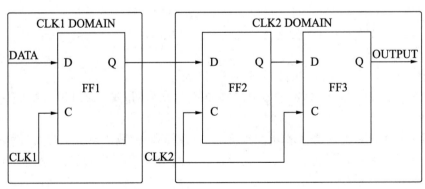

图 2.7　打两拍

1）慢时钟到快时钟打两拍

如果慢时钟域的数据 CLK1_DATA（由 CLK1 产生的数据）需要传输到 CLK2 快时钟

域中使用，则首先利用快时钟 CLK2 将慢时钟域的数据 CLK1_DATA 打两拍，然后在 CLK2
快时钟域中使用打两拍处理之后的数据，这样就完成了从慢时钟域数据到快时钟域的数据
传输，如图 2.8 所示。

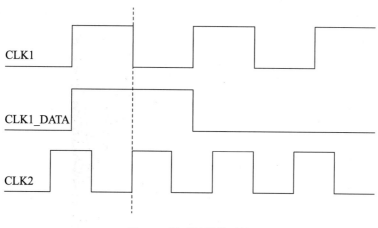

图 2.8　慢时钟到快时钟

使用 Verilog HDL 编写慢时钟到快时钟打两拍功能，程序如下：

```
//时间尺度预编译指令
`timescale 1ns / 1ps
//模块名称 delay_top
module delay_top(
input  clk2       ,        //系统时钟 2，频率为 50MHz
input  reset      ,        //系统复位，高电平有效
input  clk1_data  );       //系统时钟 1，频率为 10MHz，对应输入数据
//慢时钟到快时钟打两拍
reg clk2_data1;
reg clk2_data2;
always @(posedge clk2)begin
  if(reset)begin
    clk2_data1 <= 1'b0;
    clk2_data2 <= 1'b0;
  end
  else begin
    clk2_data1 <= clk1_data;
    clk2_data2 <= clk2_data1;
  end
end
endmodule
```

注意：begin…end 是成对出现的。

2）快时钟到慢时钟打两拍

快时钟到慢时钟有两种应用场景。例如，快时钟信号 CLK1_DATA（系统时钟 CLK1）
到慢时钟（CLK2）。

应用场景一：慢时钟通过打两拍不能采集到快时钟域的数据 CLK1_DATA，如图 2.9
所示。

应用场景二：慢时钟 CLK2 通过打两拍可以采集到快时钟域的数据 CLK1_DATA，如
图 2.10 所示。

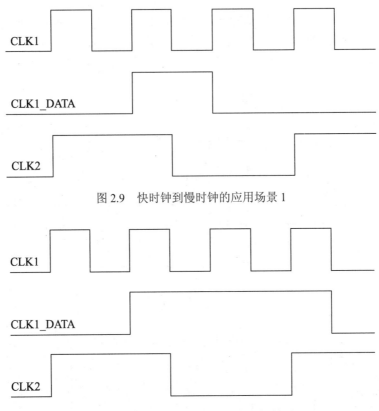

图 2.9　快时钟到慢时钟的应用场景 1

图 2.10　快时钟到慢时钟的应用场景 2

对于应用场景一，即慢时钟 CLK2 采集不到快时钟域中的数据 CLK1_DATA，应该如何处理呢？假设时钟频率关系是 CLK3>CLK2>CLK1，时钟 CLK2 采集不到时钟 CLK1 域中的数据 CLK1_DATA，可以使用更快的时钟 CLK3 采集数据 CLK1_DATA，而且此时采集到的数据 CLK1_DATA 是在 CLK3 时钟域中。然后使用 CLK3 时钟将采集到的数据 CLK1_DATA 长度加宽（加宽长度是 CLK2 时钟周期的两倍），再使用时钟 CLK2 采集加宽之后的数据 CLK1_DATA，此时采集到的数据就在 CLK2 时钟域中，如图 2.11 所示。

针对应用场景二，使用 Verilog HDL 编写快时钟到慢时钟打两拍功能，程序如下：

```
//时间尺度预编译指令
`timescale 1ns / 1ps
//模块名称 delay_top1
module delay_top1(
input  reset       ,      //系统复位，高电平有效
input  clk2        ,      //系统时钟 2，频率为 10MHz
input  clk3        ,      //系统时钟 3，频率为 100MHz
input  clk1_data  );      //系统时钟 1，频率为 50MHz，对应输入数据
reg  clk3_data1;          //输入变量 1
reg  clk3_data2;          //输入变量 2
reg  clk3_data3;          //输入变量 3
reg  clk2_data1;          //输出变量 1
reg  clk2_data2;          //输出变量 2
//使用 CLK3 采集 CLK1_DATA，CLK3 的时钟频率是 CLK1 的 2 倍
always @(posedge clk3)begin
  if(reset)begin
```

```
      clk3_data1 <= 1'b0;
      clk3_data2 <= 1'b0;
    end
  else begin
    clk3_data1 <= clk1_data;
    clk3_data2 <= clk3_data1;
  end
end
//CLK3 采集到 CLK1_DATA 后输出到 CLK2 中
always @(posedge clk3)begin
  if(reset)
    clk3_data3 <= 1'b0;
  else if(clk3_data2 == 1'b1)
    clk3_data3 <= 1'b1;
  else if(clk2_data2 == 1'b1)
    clk3_data3 <= 1'b0;
end

//CLK2 采集到 CLK3 送来的数据 CLK3_DATA3
always @(posedge clk2)begin
  if(reset)begin
    clk2_data1 <= 1'b0;
    clk2_data2 <= 1'b0;
  end
  else begin
    clk2_data1 <= clk3_data3;
    clk2_data2 <= clk2_data1;
  end
end
endmodule
```

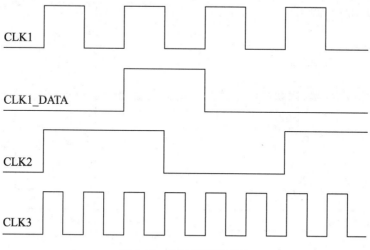

图 2.11　快时钟到慢时钟

🔔注意：根据采样定理，在 A/D 转换器中，奈奎斯特定理规定采样速率至少是模拟信号带
　　　　宽最大值的 2 倍，以便完全恢复信号，因此 50MHz 时钟信号输出的数据至少需
　　　　要 100MHz 时钟进行数据采集。在代码中 CLK1 和 CLK1_DATA 等使用了小写，
　　　　不影响结果。

4. 应答机制

利用应答机制（握手方式）也可以进行异步时钟域数据转换，但该方法较少使用。应答机制通信原理为：快时钟域产生写请求 REQ 和写数据 DATA，慢时钟域检测到写请求，锁存数据后产生应答信号 ACK，快时钟域检测到应答信号后撤销写请求，至此完成一次写操作，如图 2.12 所示。

应答机制具体实现过程：假设 REQ、ACK、DATA 总线在初始化时都处于无效状态，发送域先把数据放入总线，随后发送有效的 REQ 信号给接收域。接收域在检测到有效的 REQ 信号后锁存数据总线，然后回送一个有效的 ACK 信号表示读取完成。发送域在检测到有效的 ACK 信号后撤销当前的 REQ 信号，接收域在检测到 REQ 撤销后也相应撤销 ACK 信号，此时完成一次正常握手通信。此后，发送域可以继续开始下一次握手通信，如此循环。该方式能够使接收到的数据稳定可靠，有效地避免了亚稳态的出现，但控制信号握手检测会消耗通信双方较多的时间。以上所述的通信时序如图 2.13 所示。

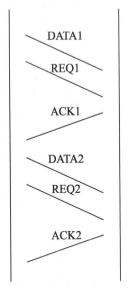

图 2.12　应答机制原理

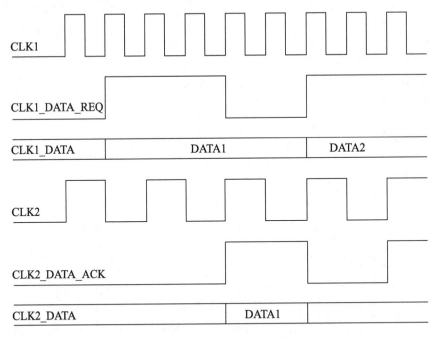

图 2.13　应答机制时序

5. 格雷码转换

这里以 ADC 数据采集为例，将 ADC 采样的数据写入 RAM 时，需要产生 RAM 的写地址，但读取 RAM 中的数据时不是一上电就直接读取，而是等 RAM 中有 ADC 的数据时才去读 RAM。这就需要 100MHz 的时钟对 RAM 的写地址进行判断，当写地址大于某个值时再去读取 RAM。

在这个场景中，其实很多人都是直接使用 100MHz 的时钟将 RAM 的写地址打两拍，但 RAM 的写地址属于多比特，如果只是简单地打两拍，则不一定能确保写地址数据的每一比特在 100MHz 的时钟域变化都是同步的，肯定有一个先后顺序。在低速的环境中不一定会出错，但是在高速的环境下就不能保证不会出错了。因此更好的处理方法是使用格雷码转换。

对于格雷码，相邻的两个数之间只有一比特是不一样的（格雷码在这里不进行详细介绍），如果先将 RAM 的写地址转为格雷码，然后将写地址的格雷码打两拍，之后在 RAM 的读时钟域将格雷码恢复成十进制，则相当于对单比特数据的跨时钟域处理了。

2.5　FPGA 约束

FPGA 涉及的约束包括时钟约束、群组约束、管脚约束及物理属性约束。为什么要进行约束？FPGA 的基本约束有哪些？异步时钟域将如何进行约束呢？本节将针对这些问题展开介绍。

1. 约束的目的

约束是为设计服务的。FPGA 约束就是让每一条路径上的寄存器时序满足建立时间和保持时间。

2. 基本约束

FPGA 基本约束包括时钟约束和管脚约束。

1）时钟约束

Xilinx FPGA 约束文件有 UCF 和 XDC 两种，这里选择 XDC 约束，以 100MHz 差分时钟为例，时钟约束如下：

```
#100MHz 时钟周期约束
create_clock -period 10.000 -name sys_clk_p [get_ports sys_clk_p]
#100MHz 时钟管脚约束
set_property PACKAGE_PIN AH4 [get_ports sys_clk_p]
set_property PACKAGE_PIN AJ4 [get_ports sys_clk_n]
#100MHz 时钟管脚电平标准约束
set_property IOSTANDARD LVDS [get_ports sys_clk_p]
set_property IOSTANDARD LVDS [get_ports sys_clk_n]
```

🔔注意："#" 为注释符号。

2）管脚约束

这里选择 XDC 约束，以呼吸灯为例，呼吸灯管脚约束如下：

```
#LED 灯管脚约束
set_property PACKAGE_PIN D14 [get_ports o_led]
#LED 灯管脚电平标准约束
set_property IOSTANDARD LVCMOS33 [get_ports o_led]
```

3. 异步时钟域约束

除了基本约束外，FPGA 异步时钟域约束也比较重要。FPGA 内部模块的异步时钟域之间进行数据交互时一定要进行异步时钟域约束。如果不进行异步时钟域约束，那么会出现建立时间和保持时间不满足的情况。不安全的 CDC 路径则表示源时钟和目标时钟不同，且由不同的端口进入 FPGA，在芯片内部不共享时钟网络。在这种情况下，Vivado 的报告也只是基于端口处创建的主时钟在约束文件中所描述的相位和频率关系进行分析，并不能代表时钟之间的真实关系。这里选择 XDC 约束文件，异步时钟域约束如下：

```
#异步时钟域约束
set_clock_groups -name clkout3toclk125mhz -asynchronous -group [get_clocks
-of_objects [get_pins mmcm_clk/inst/mmcm_adv_inst/CLKOUT2]] -group [get_
clocks -of_objects [get_pins pcie_top_inst/pcie_7x_0_support_i/pipe_
clock_i/mmcm_i/CLKOUT0]]
```

2.6　FPGA 的专业术语

FPGA 设计经常涉及一些专业名词，这里介绍一些常见的专业术语，如表 2.1 所示。

表 2.1　FPGA的专业术语

专 业 术 语	含　　义
IOB	Input Output Block，可编程输入、输出单元
CLB	Configable Logic Block，可配置逻辑块
LUT	Look Up Table，查找表
PLL	Phase-Locked Loop，锁相环
MMCM	Mixed-Mode Clock Manager，混合模式时钟管理器
DCM	Digital Clock Manager，数字时钟管理器
DLL	Delay-Locked Loop，延迟锁定环
BRAM	Block RAM，嵌入式RAM
Slice	CLB是FPGA里的最小的逻辑单元，它由两个Slice构成，7系列的FPGA的Slice包含4个部分，分别是LUT（查找表）、存储单元（触发器）、多路复用器和进位逻辑
RTL	Register Transfer Level，寄存器传输级
HDL	Hardware Description Language，硬件描述语言
Soft-core Processor	软核处理器通过逻辑综合来实现的微处理器核
Logic Synthesis	逻辑综合，是指从由Verilog HDL或VHDL等硬件描述语言编写的RTL（Register Transfer Level）电路转换为AND、OR和NOT等门级网表的过程
Logic Block	逻辑块，指用来实现逻辑的电路块
Clock Tree	时钟树，是一种时钟专属的布线和驱动电路，它可改善由于布线延迟导致的信号偏差从而提高传播速度
IP	Intellectual Property，设计资产，IP本意是指知识产权，但在半导体领域指CPU核和大规模宏单元等功能模块
FIFO	First In First Out，先进先出

专 业 术 语	含　　义
DDR SDRAM	Double Data Rate SDRAM，双倍数据速率同步动态随机存储器
LVDS	Low Voltage Differential Signaling，低电压差分信号
SERDES	Serializer Deserializer，串行器—解串器
SOC	System on a Chip，片上系统
SOPC	System on a Chip，片上可编程系统
ZYNQ	Xilinx公司的全可编程SoC芯片
GAL	Generic Array Logic，通用阵列逻辑
PAL	Programmable Array Logic，可编程阵列逻辑
PLD	Programmable Logic Device，可编程逻辑器件
SPLD	Simple PLD，简单可编程逻辑器件
CPLD	Complex PLD，复杂可编程逻辑器件
FPGA	Field Programmable Gate Array，现场可编程门阵列
ASIC	Application Specific Integrated Circuit，专用集成电路
DSP	Digital Signal Processor，数字信号处理器
EDA	Electronic Design Automation，电子设计自动化
HLS	High Level Synthesis，高层次综合
EPROM	Erasable Programmable ROM，可擦写可编程只读存储器
EEPROM	ElectricallyErasable Programmable ROM，电可擦除可编程只读存储器
SRAM	Static Random Access Memory，静态随机存储器
CISC	Complex Instruction Set Computer，复杂指令集计算机
RISC	Reduced Instruction Set Computer，复杂指令集计算机
CPU	Central Processing Unit，中央处理器
DMA	Direct Memory Access，直接访问存储器
DRAM	Dynamic Random Access Memory，动态随机访问存储器
Interrupt	中断
Logic Analyzer	逻辑分析仪
Microcontroller	微控制器

2.7　本章习题

1. 什么是时钟抖动？什么是时钟偏斜？如何设计 FPGA 用户时钟？
2. FPGA 有几种复位方式？分别是什么？如何设计 FPGA 用户复位？
3. 什么是建立时间和保持时间？什么是亚稳态？
4. FPGA 异步时钟域处理有几种方法？分别是什么？
5. FPGA 的基本约束类型有几种？分别是什么？

第 3 章　FPGA 的硬件描述语言

为了让读者快速了解硬件描述语言，本章将介绍 3 种硬件描述语言类型和这 3 种硬件描述语言的模块结构、基本语法和模块调用方法，然后使用这 3 种硬件描述语言进行实例编码。本章最后将介绍 FPGA 设计规范及编程技巧，包括一个标准化模块的基本格式及如何控制模块代码量等技巧。

本章的主要内容如下：

❑ 硬件描述语言及其类型介绍。
❑ VHDL 模块结构及 VHDL 的基本结构介绍。
❑ Verilog HDL 模块结构及 Verilog HDL 的基本结构介绍。
❑ System Verilog 模块结构及 System Verilog 的基本结构介绍。
❑ VHDL 注释方式介绍。
❑ Verilog HDL 注释方式介绍。
❑ FPGA 设计规范及编程技巧。

3.1　硬件描述语言概述

随着 EDA 技术的发展，使用硬件语言设计 FPGA 成为一种趋势。目前最主流的硬件描述语言有 VHDL、Verilog HDL 和 System Verilog。VHDL 发展较早，语法严格，而 Verilog HDL 是在 C 语言基础上发展起来的一种硬件描述语言，语法较自由。System Verilog 也是一种硬件描述和验证语言（HDVL），它基于 IEEE1364-2001 Verilog 硬件描述语言进行了扩展，包括扩充了 C 语言数据类型、结构、压缩和非压缩数组、接口、断言等，这些使 System Verilog 提高了设计建模的能力。

工欲善其事，必先利其器。下面将从两个方面介绍 FPGA 硬件描述语言。

3.1.1　硬件描述语言简介

硬件描述语言是电子系统硬件行为描述、结构描述和数据流描述的语言。利用这种语言，可以从顶层到底层（从抽象到具体）逐层描述数字电路系统的设计思路，用一系列分层次的模块来表示极其复杂的数字系统，然后利用电子设计自动化（EDA）工具逐层进行仿真验证，再把其中需要变为实际电路的模块进行组合，经过自动综合工具转换为门级电路网表，然后再用专用集成电路 ASIC 或现场可编程门阵列 FPGA 自动布局布线工具，把网表转换为要实现的具体电路布线结构。

3.1.2　硬件描述语言的类型

1. VHDL简介

VHDL 语言是由美国国防部在 20 世纪 80 年代初为实现其高速集成电路计划（Very High Speed Integrated Circuit——VHSIC）而提出的一种 HDL——VHDL（高速集成电路硬件描述语言），目的是给数字电路的描述与模拟提供一个基本的标准。VHDL 作为高级硬件行为描述型语言，如今已经广泛被应用到 FPGA、CPLD 和 ASIC 的设计中。

2. Verilog HDL简介

Verilog HDL 是一种硬件描述语言，用于进行数字电子系统设计。该语言允许设计者进行各种级别的逻辑设计及数字逻辑系统的仿真验证、时序分析和逻辑综合。它是目前应用最广泛的一种硬件描述语言。

Verilog HDL 是在 1983 年由 GDA（GateWay Design AutomaTIon）公司的 Phil Moorby 首创的。Phil Moorby 后来成为 Verilog-XL 的主要设计者和 Cadence 公司（Cadence Design System）的第一个合伙人。1984—1985 年，Moorby 设计出了第一个关于 Verilog-XL 的仿真器，1986 年，他对 Verilog HDL 的发展又做出了另一个巨大贡献，即提出了用于快速门级仿真的 XL 算法。随着 Verilog-XL 算法的成功，Verilog HDL 得到了迅速发展。1989 年，Cadence 公司收购了 GDA 公司，Verilog HDL 成为 Cadence 公司的私有"财产"。1990 年，Cadence 公司决定公开 Verilog HDL，于是成立了 OVI（Open Verilog International）组织来负责 Verilog HDL 的发展。

基于 Verilog HDL 的优越性，IEEE 于 1995 年制定了 Verilog HDL 的 IEEE 标准，即 Verilog HDL1364-1995，之后又在 2001 年发布了 Verilog HDL1364-2001 标准。据相关报道，在美国使用 Verilog HDL 进行设计的工程师大约有 60 000 人，全美国有 200 多所大学教授在使用 Verilog HDL 的设计方法。在我国台湾地区几乎所有大学的电子和计算机工程系都会讲授 Verilog 有关的课程。

3.2　VHDL 语法基础

VHDL 是硬件描述语言的一种，使用 VHDL 编写代码，实际上就是绘制数字电路。本节将从 VHDL 模块结构、VHDL 的基本语法和 VHDL 模块调用三个方面介绍 VHDL，让读者快速掌握 VHDL 的基本语法并且可以使用 VHDL 进行项目或产品设计。

3.2.1　VHDL 模块结构

1. VHDL模块结构

一个 VHDL 程序由 5 个部分组成，分别是实体（Entity）、结构体（Architecture）、配置（Coxnfiguration）、包（Package）和库（Library）。实体和结构体两大部分组成程序设计的最基本的单元。如图 3.1 所示为一个 VHDL 程序的基本组成部分。配置是指从库中选择需要的单元以组成系统设计的不同规格的不同版本，VHDL 和 Verilog HDL 已成为 IEEE 的标准语言，使用 IEEE 提供的版本。包是存放每个设计模块都能共享的设计类型、常数和子程序的集合体。库是用来存放已编译的实体、结构体、包和配置。在设计中可以使用 ASIC 芯片制造商提供的库，也可以使用由用户生成的 IP 库。

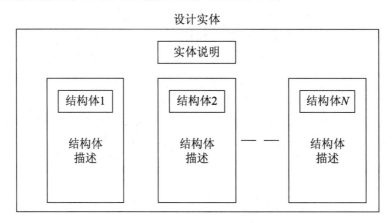

图 3.1　VHDL 的基本组成部分

2. VHDL 的基本结构

使用 VHDL 进行逻辑设计主要分为三部分，分别为库的声明与使用、接口定义和结构体功能描述。这里以一个半加法器模块为例讲解 VHDL 的基本结构，半加法器的 VHDL 程序如下：

📋 说明："--"代表注释。

```
--声明 IEEE 库且使用 IEEE 库内容
library IEEE;
use IEEE.STD_LOGIC_1164.ALL;

--VHDL 接口定义
entity half_adder is
Port(
  A       : in  std_logic ;--输入
  B       : in  std_logic ;--输入
  carry_out: out std_logic ;--输出
  sum     : out std_logic);--输出
end half_adder;

--VHDL 功能描述
architecture half_adder_Behavioral of half_adder is
begin
  sum       <= A xor B;
  carry_out <= A and B;
end half_adder_Behavioral;
```

🔔 注意：std_logic 语法既支持输入接口定义又支持输出接口定义。

3.2.2　VHDL 的基本语法

VHDL 的运算类型如表 3.1 所示。

表 3.1　VHDL的运算类型

类　　型	类 型 描 述	类　　型	类 型 描 述
+	加	sll	逻辑左移
–	减	sla	算术左移
*	乘	sra	算术右移
/	除	ror	逻辑循环右移
<=	赋值（用于信号）	rol	逻辑循环左移
:=	赋值（用于变量）	>	大于
&	并置	<	小于
and	与	>=	大于等于
not	非	<=	小于等于
or	或	=	等于
nand	与非	/=	不等于
nor	或非	abs	求绝对值
xor	异或	rem	取余
xnor	异或非	mod	取模
srl	逻辑右移	**	乘方

3.2.3　VHDL 模块调用

VHDL 模块也可以使用 Verilog HDL 进行例化使用，这里使用 Verilog HDL 编写半加法器仿真激励，Verilog HDL 仿真激励程序如下：

```
//时间尺度编译指令
`timescale 1ns / 1ps
//模块名称 half_adder_tb
module half_adder_tb();
reg  regA1     ;                    //输入数据
reg  regB1     ;                    //输入数据
wire carry_out1;                    //求和进位
wire sum1      ;                    //求和结果
//输入激励
initial begin
regA1 = 0;
regB1 = 0;
#100
regA1 = 0;
regB1 = 1;
#100
regA1 = 1;
regB1 = 0;
#100
```

```
    regA1 = 1;
    regB1 = 1;
    #100
    regA1 = 0;
    regB1 = 0;
    #100
    regA1 = 0;
    regB1 = 0;
    end
    //例化 half_adder 模块
    half_adder  half_adder_inst(
      .A         (regA1        ),
      .B         (regB1        ),
      .carry_out (carry_out1   ),
      .sum       (sum1         ));
    endmodule
```

🔔注意：过程块 initial 主要实现所有变量初始化。

半加法器仿真波形如图 3.2 所示，从仿真波形可以看出 A + B = {carry_out+sum}，验证了半加法器逻辑功能的正确性。

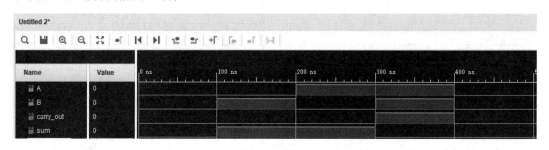

图 3.2　半加法器仿真波形

3.3　Verilog HDL 语法基础

Verilog HDL 是硬件描述语言的一种，使用 Verilog HDL 编写代码实际是绘制数字电路。这里将从 Verilog HDL 模块结构、Verilog HDL 的基本语法和 Verilog HDL 模块调用三个方面介绍 Verilog HDL，让读者可以快速掌握 Verilog HDL 的基本语法并且可以使用 Verilog HDL 进行项目或产品设计。

3.3.1　Verilog HDL 模块结构

Verilog HDL 程序设计的基本单元是模块。一个模块由两部分组成，分别是接口和逻辑功能。模块声明由关键字 module 开始，以关键字 endmodule 结束。每个模块有且只有一个模块名称。

1. Verilog HDL模块结构

Verilog HDL 模块结构主要分为模块名称、模块输入和输出列表、输入和输出定义（数据位宽定义）、内部信号声明、逻辑功能描述。Verilog HDL 模块结构如下：

- ❏ 模块名称。
- ❏ 模块输入、输出列表。
- ❏ 输入输出定义。
- ❏ 内部信号声明。
- ❏ 逻辑功能描述。

2．Verilog HDL模块结构实例

这里以一个计数器模块为例描述 Verilog HDL 模块结构，计数器的 Verilog HDL 程序如下：

```verilog
//时间尺度编译指令
`timescale 1ns / 1ps
//模块名称 test_counter
module test_counter(
//输入、输出列表
sys_clk    ,
sys_reset  ,
o_counter  );
//输入、输出描述
input      sys_clk  ;        //系统时钟，频率为100MHz
input      sys_reset;        //系统复位，高电平复位
output [3:0] o_counter;      //计数器输出
//内部信号声明
reg   [3:0] counter_reg1;
//逻辑功能描述
always @(posedge sys_clk)begin
  if(sys_reset)
    counter_reg1 <= 4'd0;
  else
    counter_reg1 <= counter_reg1 + 1'b1;
end
//连续赋值
assign o_counter = counter_reg1;
endmodule
```

📖 **注意**：4'd0 中的 4 代表数据位宽，d 代表十进制，0 代表初始化数值。

3.3.2　Verilog HDL 的基本语法

Verilog HDL 的常用语句有 always、assign、parameter、define、reg、wire、if…else、case 和 generate 等。下面介绍这些常用语句的基本用法。

1．always语句

always 语句既能描述时序逻辑也能描述组合逻辑。

（1）使用 always 语句描述时序逻辑的 Verilog HDL 程序如下：

```verilog
reg [3:0] counter_reg1;
always @(posedge sys_clk)begin
```

```
  if(sys_reset)
    counter_reg1 <= 4'd0;
  else
    counter_reg1 <= counter_reg1 + 1'd1;
end
```

（2）使用 always 语句描述组合逻辑的 Verilog HDL 程序如下：

```
reg [3:0] counter_reg2;
always @( * )begin
  if(sys_reset)
    counter_reg2 = 4'd0;
  else
    counter_reg2 = 4'd1;
end
```

2．assign语句

assign 语句既能描述组合逻辑又能拼接数据。

（1）使用 assign 语句描述组合逻辑的 Verilog HDL 程序如下：

```
reg        select1;
wire [3:0] o_data1;
//片选为1时输出1，片选为2时输出2
assign o_data1 = (select1 == 1'b1) ? 4'd1:4'd2;
```

（2）使用 assign 语句拼接数据的 Verilog HDL 程序如下：

```
reg        select2;
wire [3:0] o_data2;
//4个单bit数据拼接成一个4位数据
assign o_data2 = {select2,select2,select2,select2};
```

3．parameter语句

parameter 用于参数定义，常用于状态机状态定义、参数常量定义或者模块端口参数化传递。使用 parameter 语句定义参数常量的 Verilog HDL 程序如下：

```
parameter NUM = 4'd8;
reg [3:0] counter_reg3;
always @(posedge sys_clk)begin
  if(sys_reset)
    counter_reg3 <= 4'd0;
  //当计数器计到参数常量8时，置位计数器为参数常量8
  else if(counter_reg3 == NUM)
    counter_reg3 <= NUM;
  else
    counter_reg3 <= counter_reg3 + 4'd1;
end
```

4．define宏定义

define 宏定义一般用于定义数据位宽。使用 define 语句定义数据位宽的 Verilog HDL 程序如下：

```
`define NUM1  10
reg [3:0] counter_reg4;
always @(posedge sys_clk)begin
  if(sys_reset)
    counter_reg4 <= 4'd0;
```

```
//当计数器计到宏定义常量 10 时，置位计数器为宏定义常量 10
  else if(counter_reg3 == `NUM1)
    counter_reg4 <= `NUM1;
  else
    counter_reg4 <= counter_reg4 + 4'd1;
end
```

5. reg 语句

在 C 语言中定义一个整型变量的格式为 int temp_a。在 Verilog HDL 中的变量称为寄存器或者信号，定义格式为 reg　[31:0] temp_b。使用 reg 语句定义变量的 Verilog HDL 程序如下：

```
reg [3:0] counter_reg5;                //计数寄存器定义
always @(posedge sys_clk)begin
  if(sys_reset)
    counter_reg5 <= 4'd0;
  else
  //递增循环计数器
    counter_reg5 <= counter_reg5 + 4'd1;
end
```

6. wire 语句

wire 和 reg 语句接近，只是把关键字 reg 换成 wire，格式为 wire　[31:0] temp_b。使用 wire 语句定义变量的 Verilog HDL 程序如下：

```
reg [3:0] counter_reg6;                //计数寄存器定义
wire [3:0] o_counter   ;               //计数器
always @(posedge sys_clk)begin
  if(sys_reset)
    counter_reg6 <= 4'd0;
  else
    counter_reg6 <= counter_reg6 + 4'd1;
end
//计数寄存器连续赋值（连线功能）
assign o_counter = counter_reg6;
```

7. if…else 语句

if…else 语句用于条件选择，当条件较少时，推荐使用 if…else 语句。使用 if…else 语句定义条件选择的 Verilog HDL 程序如下：

```
reg      select_a;
reg      select_b;
reg [3:0] out_data;
//片选 1 使能时输出 1，片选 2 使能时输出 2，片选 1 和片选 2 同时使能时输出 1
always @(posedge sys_clk)begin
  if(sys_reset)
    out_data <= 4'd0;
  else if(select_a == 1'b1)
    out_data <= 4'd1;
  else if(select_b == 1'b1)
    out_data <= 4'd2;
end
```

8．case语句

case 用于条件选择，如果条件较多时，可以考虑 case 语句。使用 case 语句定义条件选择的 Verilog HDL 程序如下：

```
reg [1:0] count    ;
reg [3:0] out_data1;
//利用 case 实现译码器功能
always @(posedge sys_clk)begin
  if(sys_reset)
    out_data1 <= 4'd0;
  else begin
    case(count)
      2'b00:out_data1 <= 4'd1;          //0 译码为 1
      2'b01:out_data1 <= 4'd2;          //1 译码为 2
      2'b10:out_data1 <= 4'd3;          //2 译码为 3
      2'b11:out_data1 <= 4'd4;          //3 译码为 4
    endcase
  end
end
```

9．generate语句

generate 语句允许细化时间（Elaboration-time）的选取或者某些语句的重复。这些语句包括模块实例引用的语句、连续赋值语句、always 语句、initial 语句和门级实例引用语句等。细化时间是指仿真开始前的一个阶段，此时所有的设计模块已经被连接在一起并完成了层次的引用。

（1）使用 generate 语句进行模块实例化的 Verilog HDL 程序如下：

```
reg  [3:0] data_rega;
reg  [3:0] data_regb;
wire [3:0] carry_out;
wire [3:0] sum      ;
generate
genvar j;
for(j = 0 ; j < 4 ; j = j + 1)begin:generate_test1
//使用 generate 语句实现模块例化，将 half_adder 模块例化 4 个
half_adder  half_adder_inst(
  .A       (data_rega[j]),
  .B       (data_regb[j]),
  .carry_out(carry_out[j]),
  .sum      (sum[j]      ));
end
endgenerate
```

（2）使用 generate 语句进行连续赋值的 Verilog HDL 程序如下：

```
reg  [7:0] data_reg1;
wire [7:0] data_reg2;
generate
genvar i;
for(i = 0 ; i < 8 ; i = i + 1)begin:generate_test
  //使用 generate 语句实现赋值功能，将 data_reg1 赋值给 data_reg2
```

```
    assign data_reg2[i] = data_reg1[i];
  end
  endgenerate
```

10. 常用的运算语句

使用 Verilog HDL 语句进行逻辑设计时，除了使用基本语句外，也会进行基本的运算，Verilog HDL 常用的运算符见表 3.2。

表 3.2　Verilog HDL常用的运算符

类　　型	描　　述	举　　例
+	加	A + B
−	减	A − B
*	乘	A * B
/	除	A / B
%	取余	A % B
>>	逻辑右移	A >> 2
<<	逻辑左移	B << 2
>	大于	A > B
<	小于	A < B
>=	大于等于	A >=B
<=	小于等于	A <= B
==	等于	A == B
!=	不等于	A != B
~	位取反	~A
&	位与	A & B
|	位或	A | B
^	位异或	A ^ B
!	逻辑取反	!A
&&	逻辑与	A && B
||	逻辑或	A || B
{}	拼接	C <= {A , B}
?:	条件运算	assign C = (en=1)?A:B;

下面以一个 Verilog HDL 实例来描述常用运算符的用法，代码如下：

```
//时间尺度预编译指令
`timescale 1ns / 1ps
//宏定义
`define  MIN_NUM  1
//模块名称 test_cal
module test_cal(
input       sys_clk        ,          //系统时钟，频率为 100MHz
input       sys_reset      ,          //系统复位，高电平复位
input [1:0] i_data1        ,          //输入数据
input [1:0] i_data2        ,          //输入数据
```

```
input  [3:0] i_mode_select   ,              //输入模式
output [1:0] o_result         );             //输出运算结果
parameter   MAX_NUM = 4'd2;                   //参数定义
reg    [3:0]  result_reg1   ;                 //变量定义
//模块编码
always @(posedge sys_clk)begin
  if(sys_reset)
    result_reg1 <= 4'd0;
  else begin
    case(i_mode_select)
      4'd0 : result_reg1 <= i_data1 + i_data2;      //加法
      4'd1 : result_reg1 <= i_data1 - i_data2;      //减法
      4'd2 : result_reg1 <= i_data1 * i_data2;      //乘法
      4'd3 : result_reg1 <= i_data1 / i_data2;      //除法
      4'd4 : result_reg1 <= i_data1 % i_data2;      //取余
      4'd5 : result_reg1 <= i_data1 & i_data2;      //与
      4'd6 : result_reg1 <= i_data1 | i_data2;      //或
      4'd7 : result_reg1 <= ~i_data1;               //非
      4'd8 : result_reg1 <= i_data1 << 1;           //左移1位
      4'd9 : result_reg1 <= i_data1 >> 1;           //右移1位
      4'd10: result_reg1 <= i_data1^i_data2;        //异或
      4'd11: result_reg1 <= {i_data1,i_data2};      //拼接
      4'd12: result_reg1 <= {2{i_data1}};           //重复拼接
      4'd13: result_reg1 <= i_data1**2;             //指数
      4'd14: result_reg1 <= `MIN_NUM;               //参数定义为2
      4'd15: result_reg1 <= MAX_NUM;                //宏定义为1
      default:result_reg1 <= 4'd0;                  //默认值为0
    endcase
  end
end
//连续赋值
assign o_result = result_reg1;
endmodule
```

🔔注意：parameter MAX_NUM = 4'd2;表达式用于实现参数定义，变量 MAX_NUM 的值为
十进制数值 2。

3.3.3　Verilog HDL 模块调用

Verilog HDL 模块也可以使用 Verilog HDL 进行例化，这里使用 Verilog HDL 编写计数
器仿真激励，Verilog HDL 仿真激励程序如下：

```
//时间尺度编译指令
`timescale 1ns / 1ps
//模块名称 test_counter_tb
module test_counter_tb();
reg      sys_clk ;                            //仿真时钟
reg      sys_reset;                           //仿真复位
wire [3:0] o_counter;                         //计数器
//产生复位激励
initial begin
sys_clk  = 0;
sys_reset = 1;
```

```
  #100
  sys_reset = 0;
  end

  //产生100MHz时钟激励
  always #5 sys_clk = !sys_clk;
  //例化test_counter模块
  test_counter  test_counter(
    .sys_clk    (sys_clk    ),
    .sys_reset  (sys_reset  ),
    .o_counter  (o_counter  ));
  endmodule
```

🔔 **注意**：#100 代表仿真延迟 100ns。

计数器仿真波形如图 3.3 所示，从仿真波形可以看出计数器 o_counter 从 0 开始累加，验证了计数器逻辑功能的正确性。

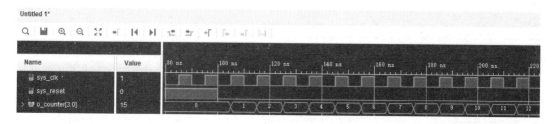

图 3.3　计数器仿真波形

3.4　System Verilog 语法基础

System Verilog 是硬件描述语言的一种，使用 System Verilog 编写代码实际是绘制数字电路。本节将从 System Verilog 模块结构、System Verilog 基本语法和 System Verilog 模块调用三个方面介绍 System Verilog 语言，让读者可以快速掌握 System Verilog 的基本语法并且可以使用 System Verilog 进行项目或产品设计。

3.4.1　System Verilog 模块结构

使用 System Verilog 语言进行逻辑功能设计也比较普遍。System Verilog 模块结构也分为三部分，分别为模块名称、接口输入和输出定义及逻辑功能描述。这里以一个二分频模块为例来介绍 System Verilog 模块结构，二分频模块的 System Verilog 程序如下：

```
//时间尺度编译指令
`timescale 1ns / 1ps
//模块名称test_divider2
module test_divider2(
//输入和输出描述
input  bit   sys_clk    ,          //系统时钟，频率为100MHz
input  bit   sys_reset  ,          //系统复位，高电平复位
output logic o_clock    );          //二分频时钟
```

```
//逻辑功能描述
always @(posedge sys_clk)begin
  if(sys_reset)
    o_clock  <= 1'b0;
  else
    o_clock  <= ~o_clock;
end
endmodule
```

注意：posedge 表示时钟上升沿，FPGA 逻辑设计建议使用时钟上升沿进行数据采样。

3.4.2　System Verilog 的基本语法

System Verilog 语言基本语法与 Verilog HDL 类似，仅在定义变量的区别比较大，System Verilog 的基本数据类型如表 3.3 所示。

表 3.3　System Verilog的基本数据类型

System Verilog数据类型	含　　义	举　　例
bit	比特类型	bit a；bit [3:0] b;
byte	8比特有符号整数	byte a;
shortint	16比特有符号整数	shortint a;
int	32比特有符号整数	int a;
longint	64比特有符号整数	longint a;
logic	逻辑类型	logic a;logic [3:0] b;
int a[16]	一维数组	int a[4];
int a[8][4]	多维数组	int b[2][2];
integer	32比特有符号整数	integer a;
real	双精度浮点型	real a;
time	64比特无符号整数	time a;

3.4.3　System Verilog 模块调用

System Verilog 模块也可以使用 Verilog HDL 进行例化，这里使用 Verilog HDL 编写二分频仿真激励，Verilog HDL 仿真激励程序如下：

```
//时间尺度编译指令
`timescale 1ns / 1ps
//模块名称test_divider2_tb
module test_divider2_tb();
reg  sys_clk ;              //仿真时钟
reg  sys_reset;            //仿真复位
wire o_clock ;             //分频时钟
//产生复位激励
initial begin
sys_clk  = 0;
sys_reset = 1;
#100
```

```
    sys_reset = 0;
  end
  //产生100MHz 时钟激励
  always #5 sys_clk = !sys_clk;

  //例化 test_divider2 模块
  test_divider2 test_divider2(
    .sys_clk    (sys_clk  ),
    .sys_reset  (sys_reset),
    .o_clock    (o_clock  ));
  Endmodule
```

🔔**注意：** 在 sys_clk = !sys_clk;表达式中，"!" 代表变量取反。

二分频仿真波形如图 3.4 所示，从仿真波形可以看出 o_clock 时钟周期是 sys_clk 时钟周期的 2 倍，验证了二分频逻辑功能的正确性。

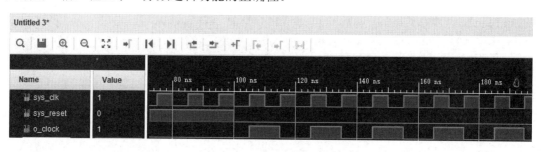

图 3.4　二分频仿真波形

3.5　FPGA 设计规范及编程技巧

在团队项目开发中，为了在开发过程中保持高效、一致和正确性，团队应当有一个规范的设计流程，标准的 FPGA 设计规范主要有以下几个好处：

❑ 规范整个设计流程，可以保证开发的合理性、一致性和高效性。

❑ 可以形成风格一致且完整的文档。

❑ 可以在 FPGA 不同厂家及从 FPGA 到 ASIC 的顺利移植。

❑ 便于新员工快速掌握本部门 FPGA 的设计流程。

本节将从 FPGA 设计规范（FPGA 代码模块规范）、FPGA 设计注释、FPGA 设计技巧三个方面介绍 FPGA 设计规范及编程技巧。

3.5.1　FPGA 设计规范

FPGA 设计规范主要包括 6 个部分，分别为模块信息、模块名称、模块接口、参数定义、变量定义和模块编码。下面以一个计数器为例介绍 FPGA 设计规范。计数器模块程序如下：

```
`timescale 1ns / 1ps
//=============================================================
```

```verilog
//模块名称:template_top
//模块功能:实现计数功能
//设计人员:fpga
//设计版本:v1.0
//设计时间:20210128
//芯片型号:Xilinx FPGA ZYNQ 7020
//软件版本:Vivado 2019.1
//特殊说明:无
//==============================================================
//==============================================================
//模块名称
//==============================================================
module template_top(
sys_clk     ,
sys_reset   ,
o_counter   );

//==============================================================
//模块接口
//==============================================================
input       sys_clk  ;
input       sys_reset;
output [7:0]o_counter;

//==============================================================
//参数定义
//==============================================================
parameter   DATA_WIDTH = 8'h8;

//==============================================================
//内部变量
//==============================================================
reg [DATA_WIDTH - 1 : 0] count;
//==============================================================
//模块编码
//==============================================================
always @(posedge sys_clk)begin
  if(sys_reset)
    count <= 8'd0;
  else
    count <= count + 8'd1;
end
assign o_counter = count;
endmodule
/*
//==============================================================
//模块实例化模板
//==============================================================
counter_test counter_test(
  .sys_clk   (),
  .sys_reset (),
  .o_counter ());
*/
```

注意: reg [DATA_WIDTH - 1 : 0] count 中的变量 count 表示计数器，其数据位宽支持参数化修改（DATA_WIDTH 是参数定义）。修改 DATA_WIDTH 参数时，变量 count 的数据位宽也随之发生变化。

3.5.2　FPGA 设计注释

1．FPGA注释原则

FPGA 注释原则如下：
- ❏ 关键信号详细注释。
- ❏ 注释语言要言简意赅。
- ❏ 注释含义与程序实现一致。
- ❏ 注释越全越好。

2．FPGA注释方式

Verilog HDL 有两种注释方式，一种以"/*"符号开始，以"*/"符号结束，在两个符号之间的语句都是注释语句，因此可扩展到多行。例如：

```
/*
statement1,
statement2,
------
Statement
*/
```

以上语句都是注释语句。

另一种以"//"符号开头，表示以"//"开始到本行结束都属于注释语句。

3.5.3　FPGA 设计技巧

1．模块化设计

模块化设计是趋势。每个模块可以实现不同的功能，便于管理和维护。模块例化层级为 3～5 级即可。

2．代码量控制

模块设计在一定程度上限制了每个模块的代码量，建议一般不要超过 2000 行代码。

3．有限状态机

有限状态机有三种描述方式，分别为一段式、二段式和三段式。建议使用二段式和三段式进行逻辑描述。

4．设计文档

设计文档一定要写，主要有以下好处：
- ❏ 可以视为技术积累。
- ❏ 可以编写代码服务，设计人员根据详细的设计文档可以顺利地编写代码。
- ❏ 便于设计人员阅读。

3.6　本 章 习 题

1．什么是硬件描述语言？硬件描述语言分为几种类型？分别是什么？

2．VHDL 模块结构是什么？VHDL 基本结构是什么？

3．Verilog HDL 模块结构是什么？Verilog HDL 的基本结构是什么？

4．System Verilog 模块结构是什么？System Verilog 的基本结构是什么？

5．VHDL 注释方式有几种？分别是什么？

6．Verilog HDL 注释方式有几种？分别是什么？

第 4 章　FPGA 功能验证

本章首先将介绍 FPGA 验证的相关知识，包括验证的定义、验证计划、验证方法和验证的优点，让读者了解 FPGA 验证方法及其给项目开发带来的好处，然后介绍编写测试激励的方法，这些方法可以帮助读者快速建立自己的测试平台，验证设计模块的逻辑功能，最后将介绍 FPGA 验证软件和验证技巧，并且通过一个实例进行功能仿真，让读者快速掌握 Vivado 软件仿真流程。

本章的主要内容如下：

❑ FPGA 验证定义，验证计划需要考虑的因素。
❑ FPGA 验证方法和验证的作用。
❑ FPGA 仿真激励流程介绍。
❑ 如何编写时钟激励和编写复位激励。
❑ Verilog HDL 常用系统函数介绍。
❑ FPGA 仿真过程介绍。
❑ Vivado 仿真流程介绍。
❑ FPGA 验证技巧介绍。

4.1　验　证　概　述

在项目或产品上市前，必须有一个系统的测试验证过程，证明 FPGA 设计是符合预期的，功能是正确的，各方面指标是满足要求的。在验证前，需要根据设计规范对所有必须要验证的功能制订出详细的验证计划。在验证过程中，负责验证的工程师必须根据验证计划，仔细地对每个功能进行验证。因此，在验证平台上需要对这些验证计划进行有效管理，以保证验证的完整性。

本节将从四个方面介绍 FPGA 验证，分别是验证定义、验证计划、验证方法和验证的作用。

4.1.1　验证定义

验证，就是通过仿真、时序分析、上板调试等手段检验设计的正确性，FPGA 验证主要是指功能仿真验证和上板调试验证。验证时通常要搭建一个完整的测试平台并编写所需要的测试用例。测试平台（Testbench）能够高效地验证 FPGA 逻辑代码，便于修改代码中的 Bug，测试设计电路的功能是否与预期的设计目标相符。

4.1.2　验证计划

验证计划是根据功能描述文档，对各个功能编写对应的验证内容。编写验证计划时需要考虑如下几点：

❏ 结构功能描述。

❏ 各种操作模式的切换是否正常。

❏ 在正确输入和错误输入情况下的设计行为。

❏ 设计的接口。

❏ 在一些边界情况下验证设计的行为是否正确。

❏ 根据现实中的使用场景编写验证计划。

☎建议：验证环境尽量符合实际应用场景，每个功能都要进行测试（验证）。

4.1.3　验证方法

目前的电子线路设计验证方法为借助 EDA 工具在计算机上进行 RTL 级设计和验证。FPGA 验证方法是指编写测试激励，验证 FPGA 的逻辑功能是否符合设计目标。Testbench 的测试过程主要是产生逻辑单元的测试激励，将测试激励输入被测试的模块单元，通过观察波形输出及响应来判断设计的正确性，以及与设计预期是否相符。

4.1.4　验证的作用

FPGA 功能验证的作用主要表现在以下 4 个方面。

1．节约成本

对于芯片设计来说，节约成本尤为重要。在生产芯片前必须进行系统的测试，证明设计的芯片是没有任何 Bug 的，功能是完善的，各方面的指标是合格的，否则会造成成本浪费，因为生产芯片的费用是很高的。

📖总结：做好芯片验证、减少流片次数，对于节约成本非常有效。

2．节约时间

FPGA 设计周期主要分为两个阶段，分别为开发验证阶段和硬件调试阶段。一般来说，开发验证占用 70%左右的时间，硬件调试占用 30%左右的时间。调试时需要编译设计代码，如果逻辑资源占用了较多的设计，需要几个小时才能编译完成，这样是很浪费时间的。如果是仿真的话，编写测试激励需要一定的时间，之后只需要观察波形结果是否符合预期即可，节省了很多时间。

📖总结：做好开发验证，缩短硬件调试时间对于减少项目的时间成本非常有效。

3．完善功能文档

验证能为功能文档提供反馈信息，可以修改文档中不明确、有歧义的描述。

4．提供验证标准

验证能让验证人员的验证目标更清晰，更合理地安排验证工作。

4.2　编写仿真激励

Testbench 就是测试激励（测试平台）的意思。Testbench 的测试机制是使用硬件描述语言（Verilog HDL、VHDL 或者 System Verilog）产生满足条件的激励信号（也就是模拟待验证模块的输入），同时对模块的输出进行捕捉，测试输出是否满足要求。

Verilog HDL 和 VHDL 的国际标准里有很多不能被综合实现的语句，如 initial、forever 和 repeat 等，这些语句就是用来编写测试激励的。

本节主要从测试激励基本流程、时钟测试激励实例和复位测试激励实例三个方面介绍测试激励的编写方法。

4.2.1　编写测试激励的流程

为什么要编写测试激励？通过前面的介绍我们了解了验证的作用。编写测试激励的目的就是对使用 HDL 设计的电路进行仿真验证，测试设计电路的功能与设计的预期是否相符。一个完整的测试激励流程分为 3 个阶段：

（1）产生模拟激励或波形。

（2）将产生的激励加入被测试模块并观察其响应。

（3）将输出响应与期望值进行比较。

4.2.2　编写时钟测试激励

时钟测试激励一般有三种写法：使用 always 块产生时钟激励、使用 forever 语句产生时钟激励和使用 repeat 语句产生时钟激励。

（1）使用 always 块产生时钟激励的 Verilog HDL 程序如下：

```
//时间尺度编译指令
`timescale 1ns / 1ps
//模块名称 sim_clock1_tb
module sim_clock1_tb();
reg clk;                        //时钟变量定义
//时钟变量初始化
initial begin
clk = 0;
end
//利用 always 产生 100MHz 时钟激励
```

```
always #5 clk = !clk;
endmodule
```

🔔注意：clk = 0;表示时钟信号 clk 的初始值为 0。

使用 always 块产生的时钟激励仿真波形如图 4.1 所示。

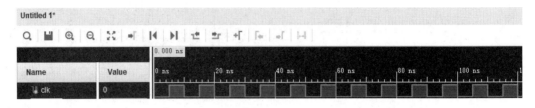

图 4.1　使用 always 块产生的时钟仿真波形

（2）使用 forever 语句产生时钟激励的 Verilog HDL 程序如下：

```
//时间尺度编译指令
`timescale 1ns / 1ps
//模块名称 sim_clock2_tb
module sim_clock2_tb();
reg clk;                              //时钟变量定义
//时钟变量初始化
initial begin
clk = 0;
end
//利用 forever 产生 100MHz 时钟激励
initial begin
  forever begin
    #5 clk = !clk;
  end
end
endmodule
```

🔔注意：过程块 initial 之间是并行执行的，过程块 initial 内部是顺序执行的。

使用 forever 语句产生的时钟激励仿真波形如图 4.2 所示。

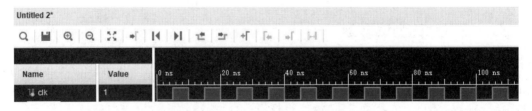

图 4.2　使用 forever 语句产生的时钟仿真波形

（3）使用 repeat 语句产生时钟激励的 Verilog HDL 程序如下：

```
//时间尺度编译指令
`timescale 1ns / 1ps
//模块名称 sim_clock3_tb
module sim_clock3_tb();
reg clk;                              //时钟变量定义
//时钟变量初始化
initial begin
clk = 0;
```

```
end
//利用 repeat 产生100MHz 时钟激励
initial begin
  repeat(20)begin
  #5 clk = !clk;
  end
end
endmodule
```

注意：repeat(20)的 20 表示重复 20 次。

使用 repeat 语句产生的时钟激励仿真波形如图 4.3 所示。

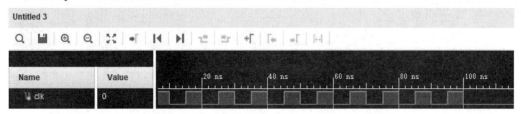

图 4.3　使用 repeat 语句产生的时钟仿真波形

4.2.3　编写复位测试激励

复位测试激励一般有两种写法：使用 initial 块产生复位激励和使用 task 任务产生复位激励。

（1）使用 initial 块产生复位激励的 Verilog HDL 程序如下：

```
//时间尺度编译指令
`timescale 1ns / 1ps
//模块名称 sim_reset1_tb
module sim_reset1_tb();
reg reset;                                //复位变量定义
//利用 initial 产生复位激励
initial begin
reset = 0;
#100
reset = 1;
#100
reset = 0;
end
endmodule
```

注意：在测试平台中，输入定义为 reg 型，输出定义为 wire 型。

使用 initial 块产生的复位仿真波形如图 4.4 所示。

图 4.4　使用 initial 块产生的复位仿真波形

（2）使用 task 任务产生的复位激励的 Verilog HDL 程序如下：

```
//时间尺度编译指令
`timescale 1ns / 1ps
//模块名称 sim_reset2_tb
module sim_reset2_tb();
reg reset;                                    //复位变量定义
//使用 task 实现复位功能
task reset_task;
input [31:0] reset_timer;
  begin
    reset = 1;
    #reset_timer
    reset = 0;
  end
endtask
//调用任务产生复位激励
initial begin
reset_task(200);
end
endmodule
```

🔔注意：reset_task(200);的 200 代表 200ns。

使用 task 任务产生的复位仿真波形如图 4.5 所示。

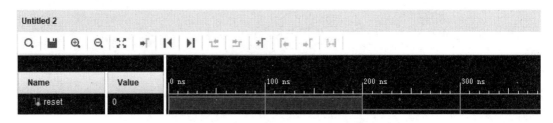

图 4.5　使用 task 任务产生的复位仿真波形

4.3　系　统　函　数

在 Verilog HDL 中，每个系统函数和任务前面都有一个标识符$，这些系统函数和任务提供了非常强大的功能。FPGA 设计代码完成后，接着就是功能仿真，目的是验证逻辑功能是否符合设计预期，而 Verilog HDL 系统函数和任务主要应用在功能仿真阶段，可以快速定位逻辑功能出现问题的地方。

本节将从两个方面介绍 Verilog HDL 系统函数，先介绍常用的系统函数及这些系统函数的作用，再通过一个实例介绍如何使用 Verilog HDL 系统函数，让读者快速掌握调用系统函数的方法。

4.3.1　常用的系统函数

使用 Verilog HDL 进行功能仿真验证时，除了编写时钟激励和复位激励外，也会使用一些系统函数进行功能验证，这些系统函数对产生模拟激励非常有用。常用的系统函数如表 4.1 所示。

表 4.1　VerilogHDL常用的系统函数

函 数 名 称	函 数 说 明
$stop	停止运行仿真，停止后可以继续运行仿真
$finish	结束运行仿真，结束后不可继续运行仿真
$random ％ N	产生-N到N的随机数
{$random}％ N	产生0到N的随机数
$readmemb	从文件中读取二进制数据
$readmemh	从文件中读取十六进制数据
$fdisplay	将数据写入文件
$display	在终端输出字符串并显示仿真结果
$monitor	输出仿真过程中的变量并在终端显示
$time	返回64位整型时间
$stime	返回32位整型时间
$realtiime	实行实型模拟时间
const	常量定义

4.3.2　编写测试激励实例

本节将编写一个通用仿真激励，该激励包括时钟激励、复位激励、读写文件激励、随机数产生激励、仿真停止激励和信息打印激励等，这里使用 System Verilog 语言编写仿真激励，仿真激励程序如下：

```
//时间尺度编译指令
`timescale 1ns / 1ps
//模块名称 testbench
module testbench();
//使用 task 实现复位功能
logic sys_rst;
task reset;
  input [31:0] reset_timer;
  begin
    sys_rst = 1;
    #reset_timer
    sys_rst = 0;
  end
endtask
//调用任务产生复位激励
initial begin
  reset(32'd1000);
  $display("system reset finish!!!");
end
//产生 100MHz 时钟激励
bit sys_clk;
initial begin
  sys_clk = 0;
  forever
```

```
    #5 sys_clk = !sys_clk;
end
//产生仿真计数器
int  sim_cnt;
always @(posedge sys_clk)begin
  if(sys_rst)
    sim_cnt <= 'd0;
  else
    sim_cnt <= sim_cnt + 'd1;
end
//停止仿真或完成仿真
parameter  simulation = 1'b1;            //定义仿真停止使能信号
always @(*)begin
  if(sim_cnt == 32'd10000)begin
    if(simulation)begin                  //选择仿真停止
      $stop(2);
    end
    else begin                           //选择仿真完成
      $finish(1);
    end
  end
end
//持续监测时钟和复位变量
initial begin
  $monitor($time,,,"sys_clk =%d sys_rst = %d",sys_clk,sys_rst);
  #1000
  $finish;
end
//读文件
byte memory[4];           //定义数组，数组中有 4 个元素，索引分别为 0、1、2 和 3
integer i;
initial begin
  //读取文件(mem.dat)中的数据并存储到数组 memory 中(将 mem.dat 文件放到工程仿真目
  //录下)
  $readmemh("mem.dat",memory);
  for(i=0;i<4;i=i+1)begin
    //利用$write 系统函数输出数据并在终端显示
    $write  (" writeMemory[%d]=%h\n",i,memory[i]);
    //利用$display 系统函数打印数组数据
    $display("displayMemory[%d]=%h"  ,i,memory[i]);
    //$display 会在每次显示信息后自动换行，$write 不会换行
  end
end
//写文件
integer write_file1;
integer write_file2;
int    j=0;
initial begin
  write_file1 = $fopen("write_data3.dat","w");
  //第一次运行完成，write_data1.dat 改为 write_data3，再运行一次，可查看 write_
  //data1 文件内容
  write_file2 = $fopen("write_data4.dat","w");
  //第一次运行完成，write_data2.dat 改为 write_data4，再运行一次，可查看 write_
  //data2 文件内容
  #500
  for(j=0;j<$size(memory);j++)begin
    $fwrite  (write_file1,"%h",memory[j]);
    //$fwrite  (write_file1,"%h\n",memory[j]);            //添加换行
```

```
    $fdisplay(write_file2,"%h",memory[j]);
   end
  //文件写结束后关闭文件
  $fclose(write_file1);
  //文件写结束后关闭文件
  $fclose(write_file2);
 end
//产生随机数
shortint  rand_data1;
shortint  rand_data2;
always @(posedge sys_clk)begin
 if(sim_cnt == 32'd100)begin
   //产生 0~100 的随机数
   rand_data1 = {$random}%100;
   //产生-99~99 的随机数
   rand_data2 = $random%100;
 end
end
endmodule
```

注意：该测试平台是一个通用测试平台，包括时钟复位激励、随机数激励、读写文件激励和计数器激励等功能，用户根据需求进行增、删即可用于实际仿真工程中。

4.4　验证软件

　　FPGA 设计验证包括功能仿真、时序仿真和电路验证，它们分别对应整个开发流程的每一个步骤。仿真是指使用设计软件包对已实现的设计进行完整测试，并模拟实际物理环境下的工作情况。HDL 的仿真软件有很多种，如 VCS、VSS、NC-Verilog、NC-VHDL 和 ModelSim 等，对于开发 FPGA 来说，一般使用 FPGA 厂家提供的集成开发环境，FPGA 厂商都有自己的仿真器，如 Xilinx 公司的 ISE，Altera 公司的 Quartus II 等。

　　本节将从仿真软件、仿真方法和仿真实例三个方面介绍 FPGA 验证方法。通过本节的学习，读者可以了解一些常用的仿真软件、FPGA 仿真过程，以及 Vivado 软件仿真流程。

4.4.1　仿真软件

　　仿真软件一般包括第三方仿真软件和 FPGA 厂商自带的仿真软件。Xilinx FPGA 厂商开发的软件有 ISE 和 Vivado，Intel FPGA 厂商开发的软件为 QuartusII，第三方仿真软件有 ModelSim、VCS 和 NCsim 等。VCS 是 Synopsys 公司的高端仿真工具，Mentor 公司的 ModelSim 是业界最优秀的 HDL 仿真软件，它能提供友好的仿真环境，是业界唯一的单内核支持 VHDL 和 Verilog HDL 混合仿真的仿真器。

4.4.2　仿真过程

　　FPGA 功能仿真一般是使用仿真软件进行逻辑验证，仿真过程如下：
　　（1）创建工程：使用仿真软件创建仿真工程。

（2）添加文件或创建文件：在仿真软件中创建设计文件、仿真文件，或者直接添加现有的设计文件和仿真文件。

（3）设置顶层：在仿真软件中设置仿真顶层。

（4）运行仿真：在仿真软件中运行仿真程序。

（5）结果分析：在仿真软件中查看仿真结果，通过观察仿真波形验证逻辑设计功能的正确性，或者比较预期数据与仿真输出数据是否一致。

4.4.3　仿真实例

下面将以一个乘法器为例，利用 Vivado 2019.1 软件进行功能仿真。

1. 乘法器设计

使用 Verilog HDL 实现 4 位乘法器，乘法器程序如下：

```
//时间尺度编译指令
`timescale 1ns / 1ps
//模块名称 multipler
module multipler(
sys_clk    ,
sys_reset  ,
i_data_a   ,
i_data_b   ,
o_data_c  );
//输入、输出描述
input        sys_clk  ;              //系统时钟，频率为100MHz
input        sys_reset;              //系统复位，高电平有效
input  [3:0] i_data_a ;              //输入数据
input  [3:0] i_data_b ;              //输入数据
output [7:0] o_data_c ;              //输出数据
reg    [7:0] data_reg1;              //内部信号定义
//逻辑功能描述
always @(posedge sys_clk)begin
  if(sys_reset)
    data_reg1 <= 8'd0;
  else
    data_reg1 <= i_data_a * i_data_b;   //乘法运算
end
//连续赋值
assign o_data_c = data_reg1;
endmodule
```

🔔注意：和 C 语言一样，*为乘法运算符。

2. 乘法器激励程序设计

使用 Verilog HDL 编写乘法器测试激励程序如下：

```
//时间尺度编译指令
`timescale 1ns / 1ps
//模块名称 multipler_tb
module multipler_tb();
reg       sys_clk  ;                  //仿真时钟，频率为100MHz
```

```
reg        sys_reset;                //仿真复位，高电平有效
reg [3:0] i_data_a ;                //输入数据变量
reg [3:0] i_data_b ;                //输入数据变量
wire [7:0] o_data_c ;               //输出数据变量
//全部变量初始化
initial begin
sys_clk  = 0;
i_data_a = 0;
i_data_b = 0;
#200
i_data_a = 5;
i_data_b = 6;
end
//产生复位激励
initial begin
sys_reset = 1;
#100
sys_reset = 0;
end
//产生 100MHz 时钟激励
always #5 sys_clk = !sys_clk;
//例化 multipler 模块
multipler  multipler(
  .sys_clk    (sys_clk  ),
  .sys_reset  (sys_reset),
  .i_data_a   (i_data_a ),
  .i_data_b   (i_data_b ),
  .o_data_c   (o_data_c));
endmodule
```

注意：FPGA 模块例化就是函数调用，FPGA 子模块类似 C 语言的子函数。

3．创建工程

（1）打开 Vivado 2019.1 软件，如图 4.6 所示。

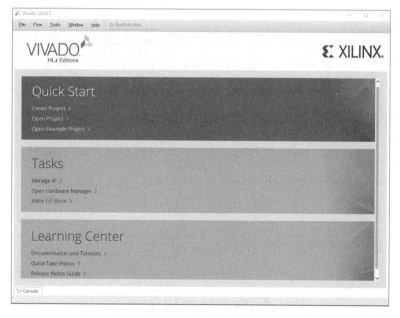

图 4.6　Vivado 界面

（2）选择 Creat Project，弹出的对话框如图 4.7 所示。

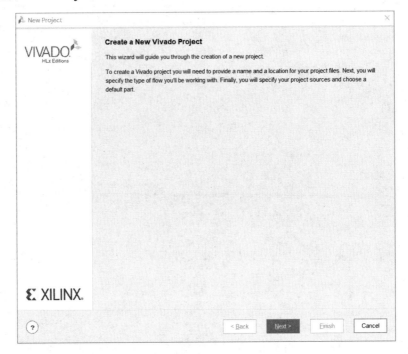

图 4.7 创建工程

（3）单击 Next 按钮，在弹出的对话框中，设置工程名称为 fpga_test4，工程路径：
D:/fpga_test4，勾选 Create project subdirectory 复选框，如图 4.8 所示。

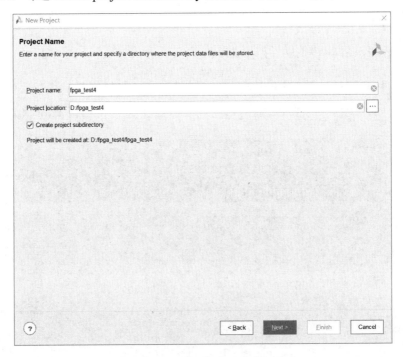

图 4.8 设置工程名称和路径

（4）单击 Next 按钮，在弹出的对话框中选择 RTL Project 单选按钮，并勾选 Do not specify sources at this time 复选框，如图 4.9 所示。

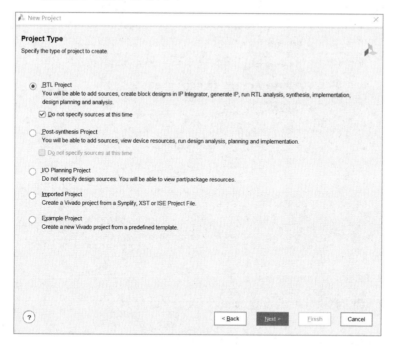

图 4.9　创建 RTL 工程

（5）单击 Next 按钮，在弹出的对话框中选择 FPGA 型号为 xc7k325tffg900-2，如图 4.10 所示。

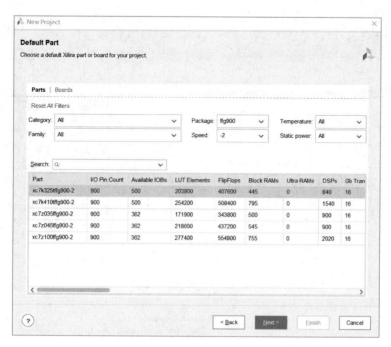

图 4.10　选择 FPGA 型号

　　（6）单击 Next 按钮，在弹出的对话框中单击 Finish 按钮完成工程创建，如图 4.11 和图 4.12 所示。

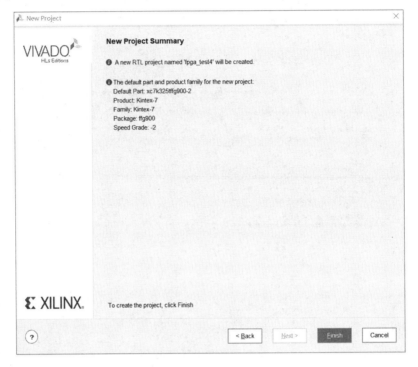

图 4.11　完成工程创建

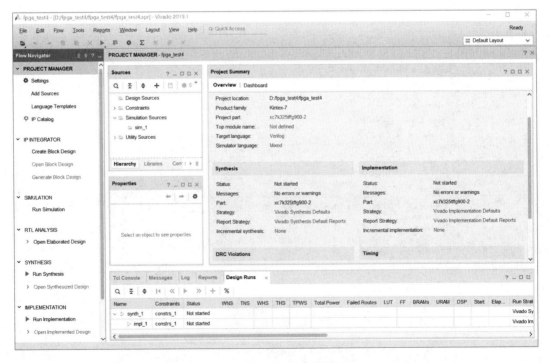

图 4.12　Vivado 主界面

4．添加文件或创建文件

Vivado 既可以创建新文件也可以添加已有的设计文件，这里选择添加已有的设计文件
multipler.v 和 multipler _tb.v。

（1）在 Sources 窗口任意位置右击，在弹出的快捷菜单中选择 Add sources 命令，在弹出的对话框中选择 Add or create design sources 单选按钮，如图 4.13 所示。

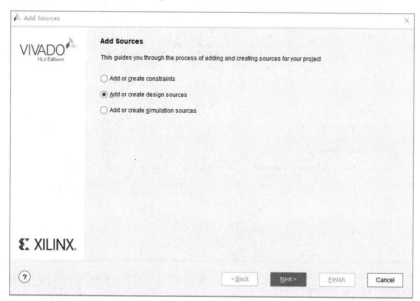

图 4.13　添加文件 1

（2）单击 Next 按钮，在弹出的对话框中单击 Add Files 按钮，如图 4.14 所示。

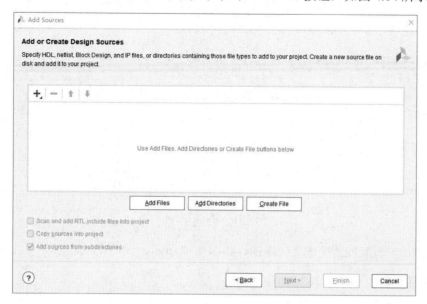

图 4.14　添加文件 2

（3）单击 Next 按钮，弹出添加文件对话框，如图 4.15 所示，选择已有的设计文件

multipler.v 和 multipler_tb.v，单击 OK 按钮，进入下一步，如图 4.16 所示。

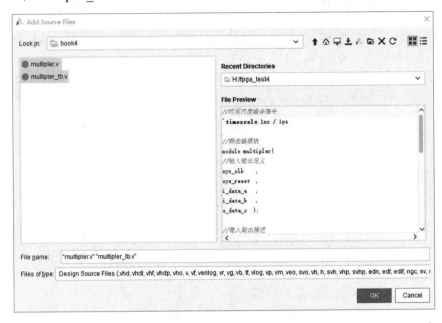

图 4.15　添加文件 3

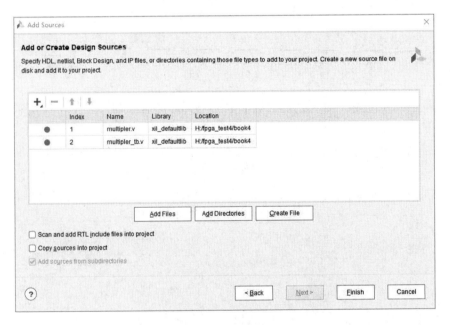

图 4.16　添加文件 4

（4）单击 Finish 按钮完成文件添加，如图 4.17 所示。

5．设置顶层

在 Source 窗口中选中激励文件 multipler_tb.v 并右击，在弹出的快捷菜单中选择 Set as Top 命令，将激励文件设置为顶层，如图 4.18 所示。

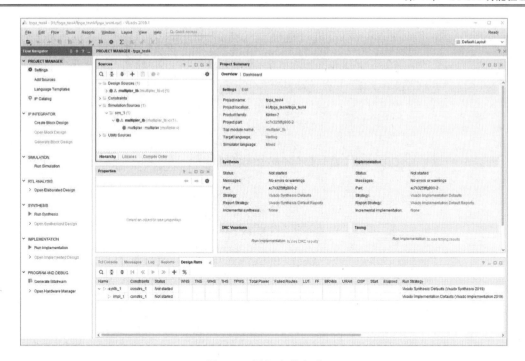

图 4.17　添加文件完成

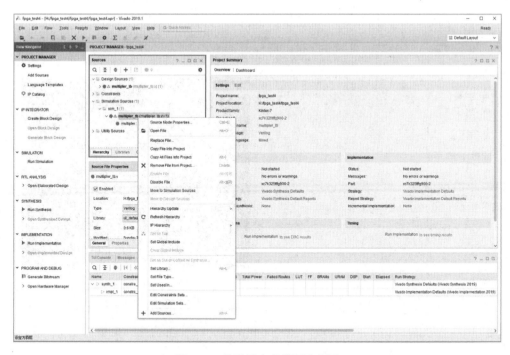

图 4.18　将激励文件设置为顶层

6. 运行仿真软件

在图 4.18 中，选择左侧的 Flow Navigator 面板中 SIMULATION 下的 Run Simulation | Run Behavioral Simulation 命令，运行仿真软件，如图 4.19 和图 4.20 所示。

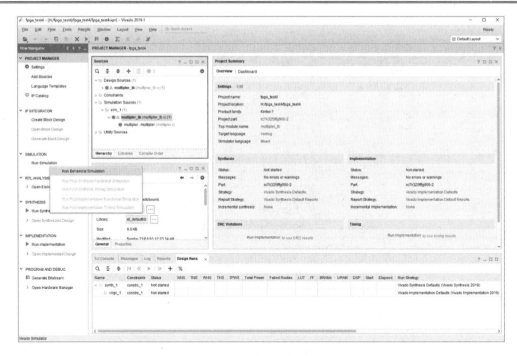

图 4.19　运行仿真软件

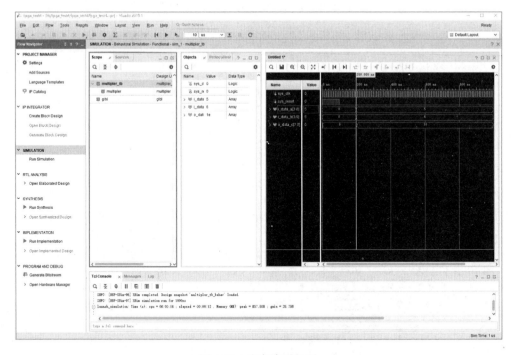

图 4.20　仿真波形界面

7. 结果分析

乘法器仿真波形如图 4.21 所示，通过仿真波形可以看出 a(5)×b(6)=c(30)，验证了乘法器逻辑功能的正确性。

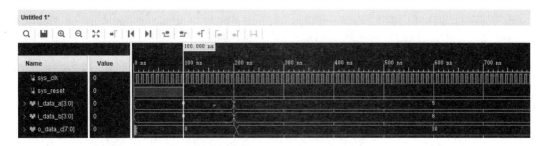

图 4.21　乘法器仿真界面

4.5　验　证　技　巧

FPGA 设计流程可以分为 5 个重要阶段，分别为仿真阶段、综合阶段、时序分析阶段、调试阶段和验证阶段，这 5 个阶段可以说是项目研发的主要里程碑。对于 FPGA 设计者来说，用好"HDL 的验证子集"，可以完成 FPGA 设计另外 50%的工作——调试验证。

本节内容结合了笔者多年的 FPGA 验证经验总结，具体包括变量初始化、模块封装、回环测试、计数器、读文件和写文件、避免出现蓝线，学习这些验证技巧，可以快速验证逻辑设计功能的正确性，加速验证阶段的推进。

4.5.1　变量初始化

在默认情况下，仿真软件对未初始化的值认为是未知值，即红线，红线就像亚稳态一样，会从第一级传递到最后一级。这里将以一个计数器为例，该例没有对计数器变量进行初始化，利用 Vivado 2019.1 软件仿真该计数器模块，仿真波形如图 4.22 所示。Verilog HDL 编码如下：

```
`timescale 1ns / 1ps

//模块名称为 test_top1
module test_top1();

//产生 100MHz 时钟激励
reg clk = 0;
always #5 clk = !clk;

//实现计数器功能
reg [7:0] cnt;                    //计数器未初始化，仿真出现红线
always @ (posedge clk)begin
  cnt <= cnt + 1;
end

endmodule
```

重新对计数器变量进行初始化，然后进行逻辑功能仿真，仿真波形如图 4.23 所示。对计数器变量进行初始化，Verilog HDL 编码如下：

```
`timescale 1ns / 1ps
```

```
//模块名称为test_top2
module test_top2();

//产生100MHz时钟激励
reg clk = 0;
always #5 clk = !clk;

//实现计数器功能
reg [7:0] cnt = 0;                      //计数器初始化为0

always @ (posedge clk)begin
  cnt <= cnt + 1;
end

endmodule
```

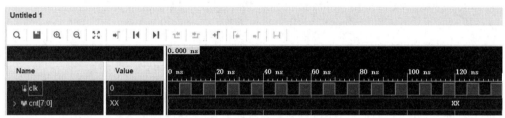

图 4.22　计数器仿真波形（cnt 红线）

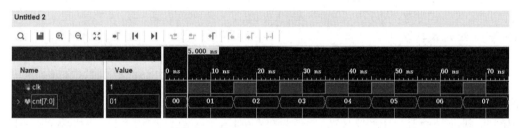

图 4.23　计数器仿真波形（cnt 绿线）

因此，应对所有的寄存器（reg 变量）进行初始化，否则功能仿真时会出现红线，影响仿真结果。

4.5.2　模块封装

封装常用的是 Testbench，在 Testbench 中可以使用 task 或 function 对代码进行封装，下次利用时灵活调用即可。这里利用 task 任务实现高复位激励，使用 Verilog HDL 编写复位代码，仿真波形如图 4.24 所示，复位代码如下：

```
`timescale 1ns / 1ps

//模块名称为task_top
module task_top();

//复位信号定义及初始化
reg rst;
initial begin
  rst = 1;
```

```
    end

    //使用 task 任务实现复位激励
    task reset1;
    input [31:0] reset_timer;
      begin
        rst = 1;
        #reset_timer
        rst = 0;
      end
    endtask

    //调用复位任务
    initial begin
      reset1(400);                    //复位 400ns
    end

    endmodule
```

图 4.24　复位仿真波形

4.5.3　回环测试

通过 FPGA 实现接口功能时，通常分为两个模块，分别为接收模块和发送模块。对接口进行功能验证时，只需要编写发送模块仿真激励，既可以验证发送模块的逻辑功能，又能验证接收模块的逻辑功能。发送接口直连接收接口即可，这种方法称为自回环验证法。

这里将介绍串口通信模块之间的回环仿真，串口回环仿真示意图如图 4.25 所示。串口激励模块不仅提供时钟与复位激励，还提供发送数据激励；串口发送模块实现串口协议发送功能；串口接收模块实现串口协议接收功能。

图 4.25　串口回环示意

4.5.4　计数器

可以用计数器进行逻辑验证。通过计数器可以统计接收数据数量、发送数据数量，还可以使用计数器控制输入变量变化时刻和仿真结束时刻。计数器的基本特性如下：

- ❑ 计数器的逻辑功能是记录时钟脉冲的个数。
- ❑ 计数器能够记录的最大值为计数器的模。
- ❑ 计数器的基本原理是将几个触发器按照一定的顺序连接起来，根据触发器的组合状态按照某种技术，随着时钟脉冲的变化记录时钟脉冲的个数。
- ❑ 根据输出端的接线方式可以实现不同进制的计数器。

计数器在 FPGA 开发中经常用到，如利用计数器实现时钟分频功能。在项目中经常需要进行时钟分频，除了使用 PLL 或 DLL 外，有时所需的分频时钟较多，不适宜采用过多的 PLL 或 DLL，此时采用计数器即为较好的解决方案。

4.5.5　读文件和写文件

为什么需要使用 Verilog HDL 读取或写入文件呢？有时我们需要将数据准备和分析工作从 Testbench 中隔离出来以便协同工作，因此需要调试一些寄存器的值，需要从文本中获取数据，然后调试 Verilog 程序，这些文本信息可以通过 C、C++程序、Excel 表格和MATLAB 工具等生成测试数据，在代码测试时有助于分析程序逻辑是否正确。

1．写文件函数$fwrite

前面介绍了 Verilog HDL 写文件函数$fdisplay，这里将介绍另一种写文件函数$fwrite。
$fwrite 函数功能：将数据写入文件中。
$fwrite 函数调用格式：$fwrite(file_id,"%format_char",parameter)。
参数说明如下：

- ❑ file_id：打开一个文件。
- ❑ format_char：文件的数据格式。例如，%b 表示二进制数据格式，%h 表示十六进制数据格式。
- ❑ parameter：要写的数据。

2．读文件函数$fread

前面介绍了 Verilog HDL 读文件函数$readmemh 和$readmemb，其中，$readmemh 从文件中读取十六进制数据，$readmemb 从文件中读取二进制数据。这里将介绍另外一种读文件函数$fread。
$fread 函数功能：从文件中读取数据。
$fread 函数调用格式：file_id = $fread("file_path/file_name","r")。
参数说明如下：

- ❑ file_id：打开一个文件。
- ❑ file_path：读取文件的路径。
- ❑ file_name：读取文件的名称。
- ❑ r：读操作，如果是写文件，则使用 w 表示写操作。

4.5.6　避免出现蓝线

当利用仿真软件验证逻辑正确性时，如果某信号仿真波形出现了不期望的蓝线，通常是由于该信号没有连线。这里以一个二分频为例，在测试平台中例化两个二分频模块，其中一个二分频模块分频时钟未连线仿真，另一个二分频模块分频时钟连线仿真，结果表明，未连线信号仿真波形出现蓝线，连线信号仿真波形正常。

（1）二分频模块程序设计如下：

```
`timescale 1ns / 1ps
//模块名称为 clk_div

module clk_div(
input  clk   ,                          //时钟，50MHz
input  rst   ,                          //复位，高电平
output o_clk );                         //二分频时钟，25MHz
reg clk_reg1;

//实现二分频功能
always @(posedge clk)begin
  if(rst)
    clk_reg1 <= 0;
  else
    clk_reg1 <= !clk_reg1;
end

assign o_clk = clk_reg1;

endmodule
```

（2）二分频测试平台程序设计如下：

```
`timescale 1ns / 1ps

//模块名称为 blue_top
module blue_top();
reg  clk;
reg  rst;
wire o_clk1;
wire o_clk2;

//产生 50MHz 时钟激励
always #10 clk = !clk;

//产生复位激励
initial begin
  clk = 0;
  rst = 0;
  #100
  rst = 1;
  #100
  rst = 0;
end

//例化 clk_div 模块，o_clk 信号未连线，仿真出现蓝线
clk_div clk_div1(
  .clk   (clk),                          //时钟，50MHz
```

```
    .rst    (rst),                              //复位，高电平
    .o_clk ());                                 //二分频时钟，25MHz

//例化 clk_div 模块，o_clk 信号连线，仿真正常
clk_div clk_div2(
    .clk    (clk),                              //时钟，50MHz
    .rst    (rst),                              //复位，高电平
    .o_clk (o_clk2));                           //二分频时钟，25MHz
endmodule
```

（3）利用 Vivado 软件仿真二分频模块，仿真波形如图 4.26 所示。其中，未连线信号（o_clk1）的仿真波形是蓝线，连线信号（o_clk2）的仿真波形是绿线（绿线正常）。

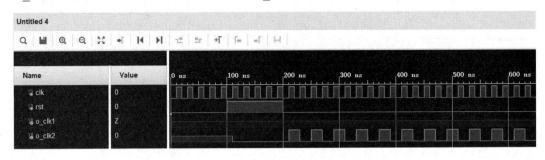

图 4.26　二分频仿真波形

4.6　本 章 习 题

1．什么是 FPGA 验证？验证计划需要考虑什么？

2．FPGA 验证方法有哪些？验证有什么作用？

3．FPGA 仿真激励流程分为几个阶段？分别是什么？

4．如何编写时钟激励？如何编写复位激励？

5．Verilog HDL 常用的系统函数有哪些？

6．FPGA 仿真过程分为几个阶段？分别是什么？

7．Vivado 仿真流程是什么？

8．FPGA 验证技巧有哪些？

第 2 篇
Xilinx FPGA 逻辑设计

第5章 FPGA 的知识产权

本章将介绍 FPGA 设计中常用的知识产权（IP 核），包括时钟 IP 核、FIFO IP 核、RAM IP 核和 Counter IP 核等，并编写测试激励仿真这些常用的 IP 核，让读者快速掌握常用 IP 核的使用方法。

本章的主要内容如下：

❑ Vivado 定制 MMCM IP 核的流程，MMCM IP 核的用途及如何例化 MMCM IP 核。

❑ Vivado 定制 FIFO IP 核的流程，FIFO IP 核的用途及如何例化 FIFO IP 核。

❑ Vivado 定制 RAM IP 核的流程，RAM IP 核的用途及如何例化 RAM IP 核。

❑ Vivado 定制 Counter IP 核的流程，Counter IP 核的用途及如何例化 Counter IP 核。

5.1 MMCM IP 核设计

在数字电路中，时钟是在整个电路中最重要和最特殊的信号，主要有以下 3 个原因：

❑ 系统内大部分器件的动作都是在时钟的跳变沿上进行的。

❑ 时钟信号通常是系统中频率最高的信号。

❑ 时钟信号通常是负载最重的信号，因此要合理分配负载。

时钟产生主要有两种方式，分别为内部逻辑生成用户时钟和时钟 IP 核产生用户时钟，本节将从四个方面介绍第二种时钟产生方式。

5.1.1 MMCM 简介

除了丰富的时钟网络以外，Xilinx 还提供了强大的时钟管理功能，提供了更多、更灵活的时钟。Xilinx 在时钟管理上不断改进，从 Virtex-4 的纯数字管理单元 DCM 发展到 Virtex-5CMT（包含 PLL），再到 Virtex-6 基于 PLL 的新型混合模式时钟管理器 MMCM（Mixed-Mode Clock Manager），实现了最低的抖动和抖动滤波，为高性能的 FPGA 设计提供了更高性能的时钟管理功能。在实际工程中需要各种频率的时钟，以满足不同的需求，MMCM 利用基本时钟（一般是晶振产生并输入 FPGA 管脚的时钟）可以分频和倍频出不同频率的时钟供设计者使用。

5.1.2 MMCM IP 核定制

（1）使用 Vivado 2019.1 设计软件创建工程，如图 5.1 所示，创建流程参考 4.4.3 节。

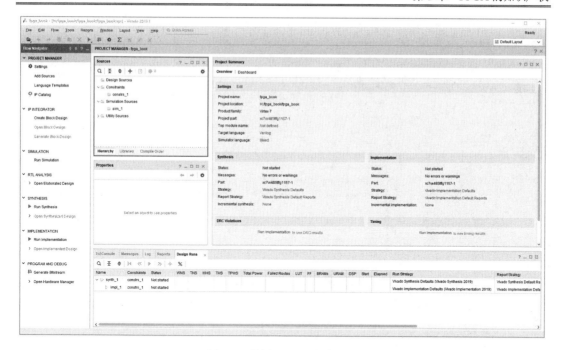

图 5.1 使用 Vivado 创建工程

（2）在新建工程中选择 IP Catalog，如图 5.2 所示。

（3）在 Search 栏中输入 clock 出现时钟 IP 核，如图 5.3 所示。

（4）双击 Clocking Wizard 进入时钟 IP 核配置界面。在 Clocking Options 选项卡中，Component Name 设置为 mmcm_ip，Primitive 项选择 MMCM 单选按钮，Input Frequency(MHz)选择 100MHz，其他配置默认，如图 5.4 所示。

（5）在 Output Clocks 选项卡中选择两个系统时钟，分别为 clk_out1（10MHz）、clk_out2（100MHz），其他配置默认，如图 5.5 所示。

图 5.2 选择 IP Catalog

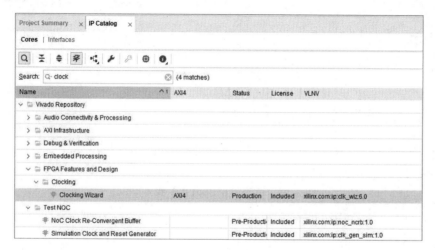

图 5.3 时钟 IP 核

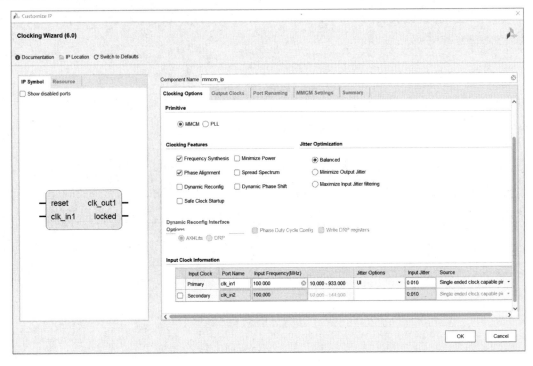

图 5.4　MMCM IP 核配置 1

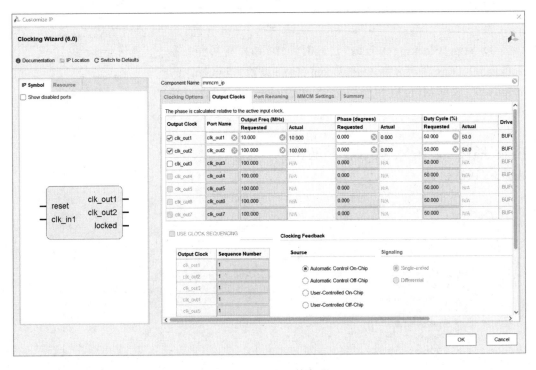

图 5.5　MMCM IP 核配置 2

（6）其他选项卡中的配置保持默认即可，如图 5.6 至图 5.8 所示。

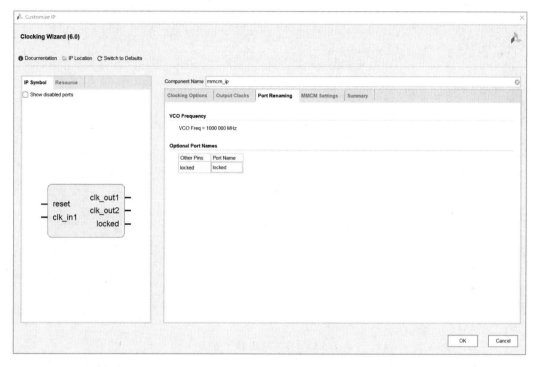

图 5.6　MMCM IP 核配置 3

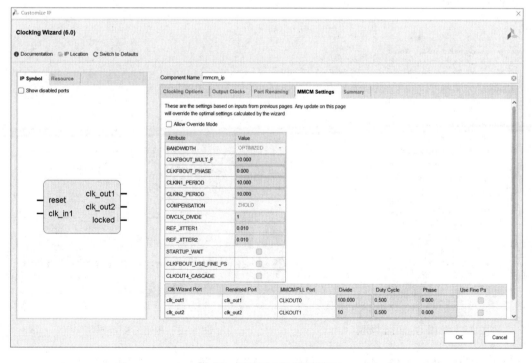

图 5.7　MMCM IP 核配置 4

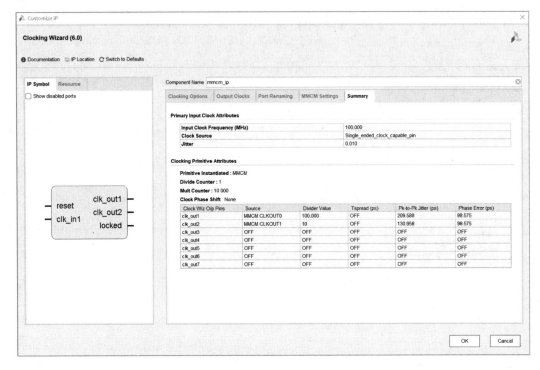

图 5.8　MMCM IP 核配置 5

（7）单击 OK 按钮弹出 Generate Output Products 对话框，依次单击 Generate 按钮和 OK 按钮生成时钟 IP 核，如图 5.9 和图 5.10 所示。

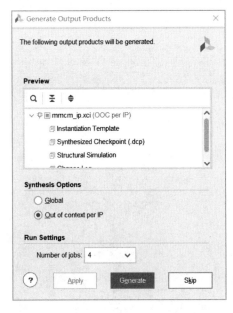

图 5.9　单击 Generate 按钮

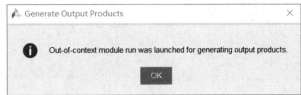

图 5.10　单击 OK 按钮

（8）查看 MMCM IP 核，如图 5.11 所示，MMCM IP 核实例化模板如图 5.12 所示。

图 5.11　MMCM IP 核

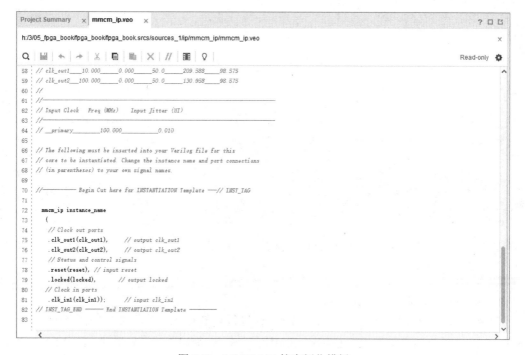

图 5.12　MMCM IP 核实例化模板

5.1.3　MMCM IP 核仿真

（1）MMCM IP 核激励设计。

使用 System Verilog 语言编写 MMCM IP 核仿真激励程序如下：

```
//时间尺度预编译指令
`timescale 1ns / 1ps
//模块名称为 mmcm_tb
module mmcm_tb();
logic clk_100;                          //用户时钟100MHz
```

```
logic clk_10 ;                        //用户时钟10MHz
logic locked ;                        //模块内部变量
//利用任务产生复位激励
logic sys_rst;
task reset;
  input [31:0] reset_timer;
  begin
    sys_rst = 1;
    #reset_timer
    sys_rst = 0;
  end
endtask
//调用任务复位
initial begin
  reset(32'd100);
  $display("system reset finish!!!");
end
//产生25MHz时钟激励
bit  sys_clk;
initial begin
  sys_clk = 0;
  forever
  #20 sys_clk = !sys_clk;
end
//例化mmcm_ip模块
mmcm_ip mmcm_ip(
  .clk_out1  (clk_10      ),
  .clk_out2  (clk_100     ),
  .reset     (sys_rst     ),
  .locked    (locked      ),
  .clk_in1   (sys_clk     ));

endmodule
```

🔔注意：$display 是 Verilog HDL 的系统函数，用于显示不同格式的变量函数，以便在测试过程中观察数据的特点。

（2）MMCM IP 核仿真波形。

使用 Vivado 2019.1 软件对 MMCM IP 核进行功能仿真，仿真波形如图 5.13 所示。MMCM IP 核复位结束后并没直接输出 10MHz 时钟和 100MHz 时钟，而是过一段时间之后输出预期时钟。

建议：当 Locked 信号为高时，可以使用时钟 IP 核输出的用户时钟 10MHz 和 100MHz，locked 为高表示时钟输出稳定，如图 5.13 所示。

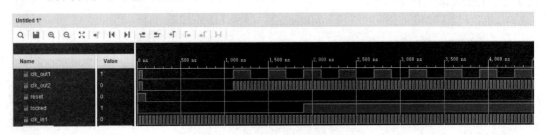

图 5.13　MMCM IP 核仿真波形

5.2　FIFO IP 核设计

FIFO（First In First Out）队列是一种数据缓冲器，用于缓存数据。它是一种先入先出的数据缓冲器，即先写入的数据先读。FIFO 的参数包括数据深度和数据宽度，数据宽度是指存储数据的位宽，数据深度是指存储器可以存储多少个数据。FIFO 主要有两个标志位，分别为满标志和空标志。

❑ 满标志：在数据写满状态下是不允许写入数据的，因此在这个状态下写入的数据无效。

❑ 空标志：在数据读空状态下是不允许读取数据的，因此在这个状态下读取的数据无效。

FIFO 实现主要有两种方式，分别为利用硬件描述语言实现和利用 FIFO IP 核实现。本节将从四个方面介绍利用 FIFO IP 核实现的方式。

5.2.1　FIFO 简介

FIFO 与普通存储器的区别是没有外部读写地址线，这样使用起来非常简单，但缺点是只能顺序写入和读出数据，其数据地址由内部读写指针自动加 1 完成，不能像普通存储器那样可以由地址线决定读取或写入某个指定的地址。

在 FPGA 设计过程中，经常使用 FIFO 进行数据缓存、数据位宽转换和异步时钟域数据转换。例如，FIFO 可以写入 32 位数据，读出 64 位数据。

5.2.2　FIFO IP 核定制

（1）使用 Vivado 2019.1 设计软件创建工程，如图 5.14 所示，创建流程参考 4.4.3 节。

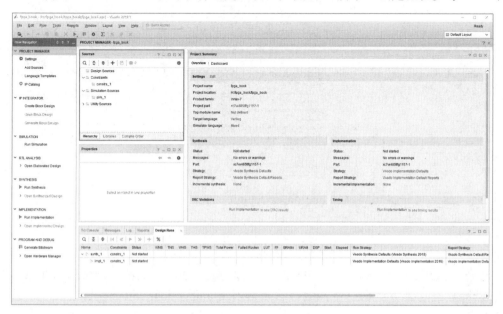

图 5.14　使用 Vivado 创建工程

（2）在新建工程中选择 IP Catalog，如图 5.15 所示。

（3）在 Search 栏中输入 FIFO 出现 FIFO IP 核，双击 FIFO Generator 进入 FIFO IP 核配置界面，如图 5.16 所示。

图 5.15　选择 IP Catalog 选项　　　　　　　　　　　图 5.16　FIFO IP 核

（4）在 Basic 选项卡中将 Component Name 配置为 fifo_ip，Fifo Implementation 选择 Independent Clocks Block RAM，其他配置默认，如图 5.17 所示。

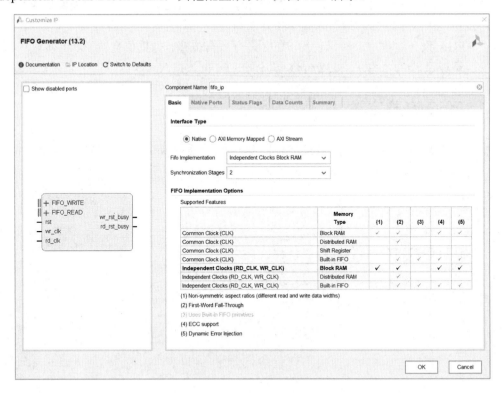

图 5.17　FIFO IP 核配置 1

（5）在 Native Ports 选项卡中，Read Mode 选项选择 First Word Fall Through 单选按钮，FIFO 读写数据位宽设置为 32 位，FIFO 读写数据深度设置为 16，其他配置默认，如图 5.18 所示。

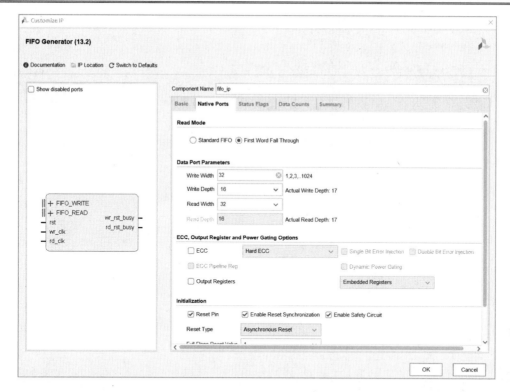

图 5.18　FIFO IP 核配置 2

（6）其他选项卡中的配置保持默认即可，如图 5.19 至图 5.21 所示。

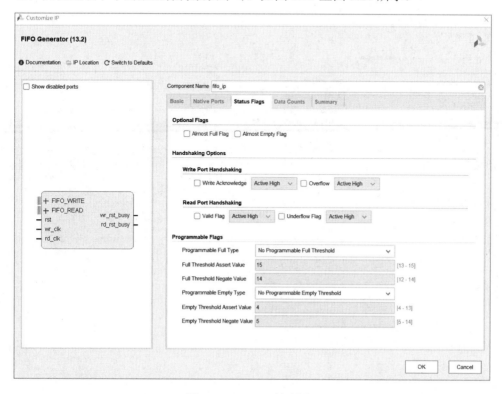

图 5.19　FIFO IP 核配置 3

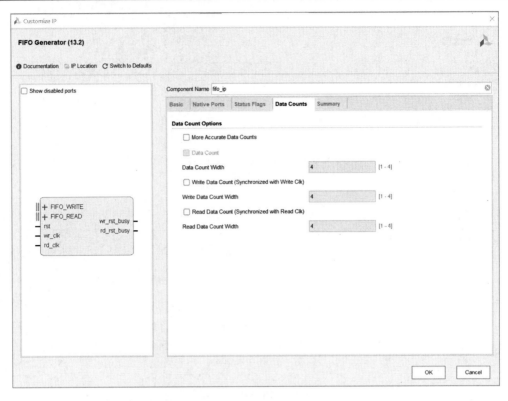

图 5.20　FIFO IP 核配置 4

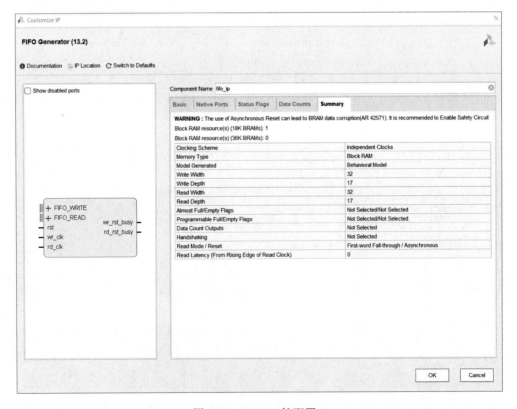

图 5.21　FIFO IP 核配置 5

（7）单击 OK 按钮弹出 Generate Output Products 对话框，依次单击 Generate 和 OK 按钮生成时钟 IP 核，如图 5.22 和图 5.23 所示。

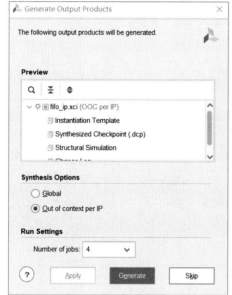

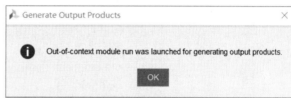

图 5.22　单击 Generate 按钮　　　　　　　图 5.23　单击 OK 按钮

（8）查看 FIFO IP 核，如图 5.24 所示。

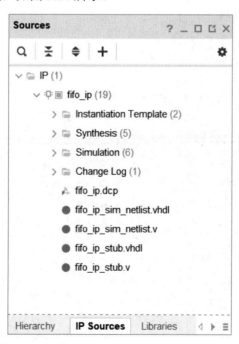

图 5.24　FIFO IP 核

FIFO IP 核实例化模板，如图 5.25 所示。

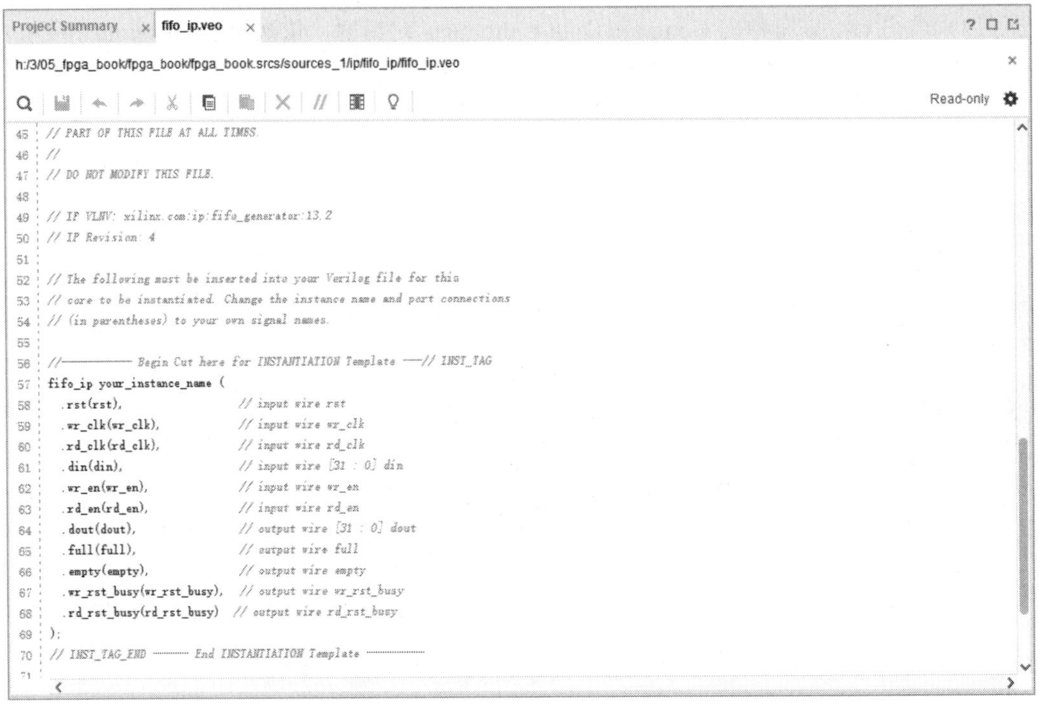

图 5.25　FIFO IP 核实例化模板

5.2.3　FIFO IP 核仿真

1. FIFO IP核激励设计

使用 System Verilog 语言编写 FIFO IP 核仿真激励程序如下：

```
//时间尺度预编译指令
`timescale 1ns / 1ps
//模块名称为 fifo_tb
module fifo_tb();
//产生 10MHz 写时钟激励
logic rx_clk;
initial begin
  rx_clk = 0;
  forever
  #50 rx_clk = !rx_clk;
end
//产生 100MHz 读时钟激励
bit sys_clk;
initial begin
  sys_clk = 0;
  forever
  #5 sys_clk = !sys_clk;
end
//产生复位激励
bit sys_reset;
initial begin
```

```
    sys_reset = 1;
    #1000
    sys_reset = 0;
end
//仿真计数器
byte sim_count;
always @(posedge rx_clk)begin
  if(sys_reset)
    sim_count <= 'd0;
  else if(sim_count == 'd200)
    sim_count <= 'd200;
  else
    sim_count <= sim_count + 'd1;
end
//使用 10MHz 时钟写 FIFO 操作
logic [31:0] din       ;
logic        wr_en     ;
logic        full      ;
logic        wr_rst_busy ;
always @(posedge rx_clk)begin
  if(sys_reset)begin
    din  <= 'd0;
    wr_en <= 'd0;
  end
  else begin
  case(sim_count)
    32'd101,32'd103,32'd105,32'd107,32'd109:begin
      if(!wr_rst_busy && !full)begin
        din  <= sim_count;
        wr_en <= 'd1;
      end
    end
    default:begin
      din  <= 'd0;
      wr_en <= 'd0;
    end
  endcase
  end
end

//使用 100MHz 时钟读 FIFO 操作
logic [31:0] dout      ;
logic        rd_en     ;
logic        empty     ;
logic        rd_rst_busy ;
always @(posedge sys_clk)begin
  if(sys_reset)
    rd_en <= 'd0;
  else if(!empty && !rd_rst_busy)begin
    if(!rd_en)
      rd_en <= 'd1;
    else
      rd_en <= 'd0;
  end
  else begin
    rd_en <= 'd0;
```

```
    end
  end

//例化 fifo_ip 模块
fifo_ip fifo_ip (
  .rst         (sys_reset   ),
  .wr_clk      (rx_clk      ),
  .rd_clk      (sys_clk     ),
  .din         (din         ),
  .wr_en       (wr_en       ),
  .rd_en       (rd_en       ),
  .dout        (dout        ),
  .full        (full        ),
  .empty       (empty       ),
  .wr_rst_busy(wr_rst_busy ),
  .rd_rst_busy(rd_rst_busy ));
endmodule
```

🔔注意：FIFO 读写控制主要依靠空满标志，非空读数据，非满写数据。异步 FIFO 也可以解决跨时钟域问题。

2．FIFO IP核仿真波形

使用 Vivado 2019.1 软件对 FIFO IP 核进行功能仿真。首先使用 10MHz 时钟分别向 FIFO 中写入数据 101、103、105、107 和 109，然后使用 100MHz 时钟从 FIFO 中读出写入的数据 101、103、105、107 和 109；读写数据一致验证了 FIFO 功能的正确性，如图 5.26 所示。

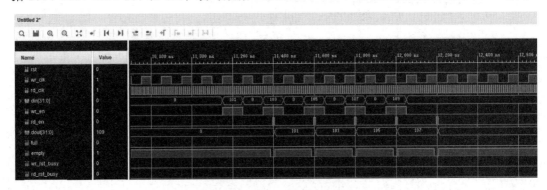

图 5.26　FIFO IP 核仿真波形

3．FIFO IP核仿真总结

❏ FIFO 复位后，full 信号为高，fifo_wr_busy 为高、fifo_rd_busy 为高，这段时间不允许操作 FIFO，包括写 FIFO 和读 FIFO。

❏ FIFO 除了具有数据缓存和异步时钟域功能，还支持数据位宽转换。例如，写数据位宽为 16 位，读数据可以设置为 8 位。

❏ FIFO 还支持可编程空和可编程满的功能。例如，设置 FIFO 可编程满为 12，当在 FIFO 中写入 12 个数据后，可编程满信号就会拉高。

5.3　RAM IP 核设计

RAM（Random Access Memory，随机存储器），一般作为临时数据存储媒介，在各类逻辑系统中应用较为广泛。目前，大多数 FPGA 器件都包含专用的嵌入式存储单元，用户根据需求定制 RAM 数据位宽和存储深度就可以进行项目设计。

RAM 的实现主要有两种方式，分别为利用硬件描述语言实现和通过 RAM IP 核实现。本节将从四个方面介绍 RAM IP 核的实现方法。

5.3.1　RAM 简介

RAM 是与 CPU 直接交换数据的内部存储器，也叫主存（内存）。它可以随时读写数据而且速度很快，通常作为操作系统或其他正在运行的程序的临时数据存储媒介。

在 FPGA 设计过程中，经常使用 RAM 进行数据缓存和异步时钟域数据转换。Xilinx FPGA RAM 主要分为 3 种类型，分别为单口 RAM、简化双口 RAM 和真双口 RAM。下面将介绍真双口 RAM 的定制方法，并使用其进行异步时钟数据转换。

5.3.2　RAM IP 核定制

（1）使用 Vivado 2019.1 设计软件创建工程，如图 5.27 所示，创建流程参考 4.4.3 节。

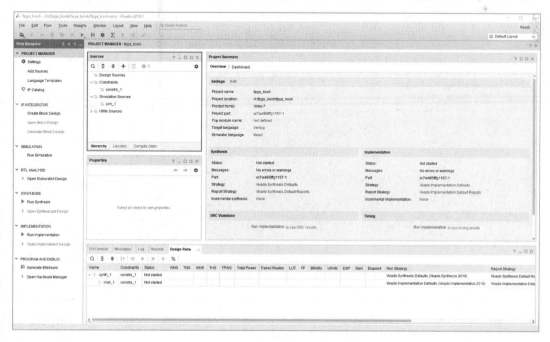

图 5.27　使用 Vivado 创建工程

（2）在新建工程中选择 IP Catalog 如图 5.28 所示。在 Search 栏中输入 BRAM 出现 RAM IP 核，双击 Block Memory Generator 进入 RAM IP 核配置对话框，如图 5.29 所示。

（3）在 Basic 选项卡中，Component Name 配置为 ram_ip，Memory Type 选择 True Dual Port RAM，其他配置默认，如图 5.30 所示。

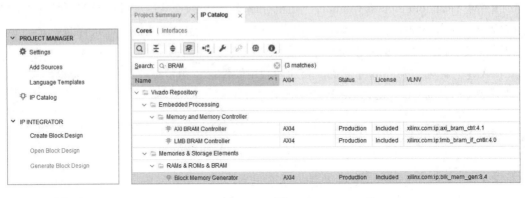

图 5.28　选择 IP Catalog　　　　　　　　　　图 5.29　RAM IP 核

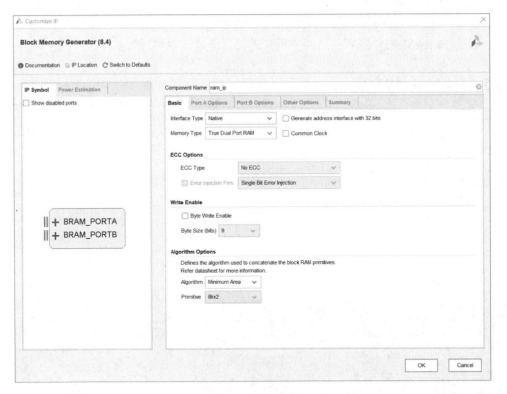

图 5.30　RAM IP 核配置 1

（4）在 PortA Options 选项卡中设置 RAM A 端口读写数据位宽为 16 位，RAM 深度为 16，取消 PortA Optional Output Registers 选项下 Primitives Output Register 复选框的勾选，其他配置默认，如图 5.31 所示。

（5）在 PortB Options 选项卡中设置 RAM B 端口读写数据位宽为 16 位，RAM 深度为 16，取消 Port B Optional Output Registers 选项下 Primitives Output Register 复选框的勾选，

其他配置默认，如图 5.32 所示。

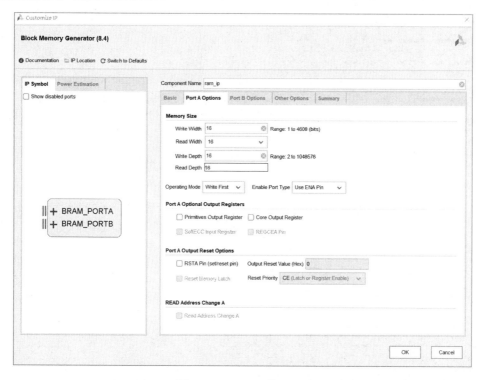

图 5.31　RAM IP 核配置 2

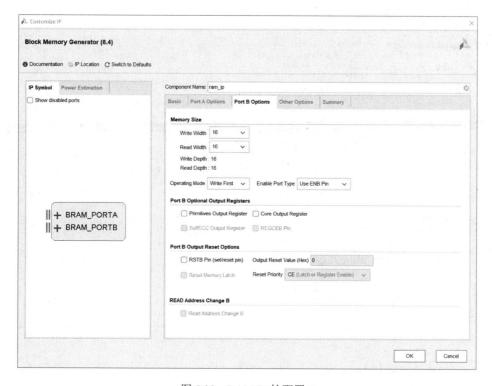

图 5.32　RAM IP 核配置 3

（6）其他选项卡中的配置保持默认即可，如图 5.33 和图 5.34 所示。

图 5.33　RAM IP 核配置 4

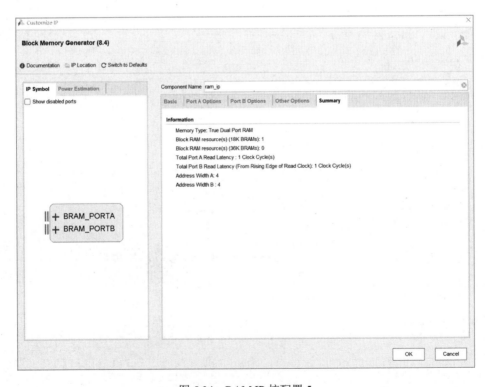

图 5.34　RAM IP 核配置 5

（7）单击 OK 按钮弹出 Generate Output Products 对话框，分别单击 Generate 和 OK 按钮生成时钟 IP 核，如图 5.35 和图 5.36 所示。

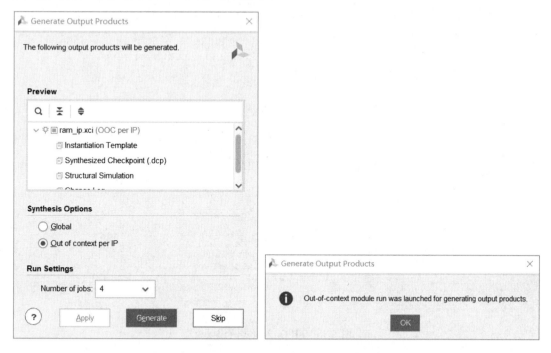

图 5.35　单击 Generate 按钮　　　　　图 5.36　单击 OK 按钮

（8）查看 RAM IP 核，如图 5.37 所示，RAM IP 核实例化模板如图 5.38 所示。

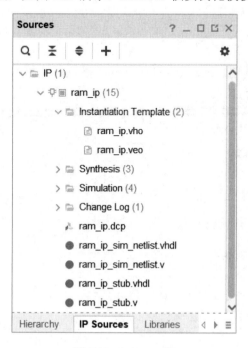

图 5.37　RAM IP 核

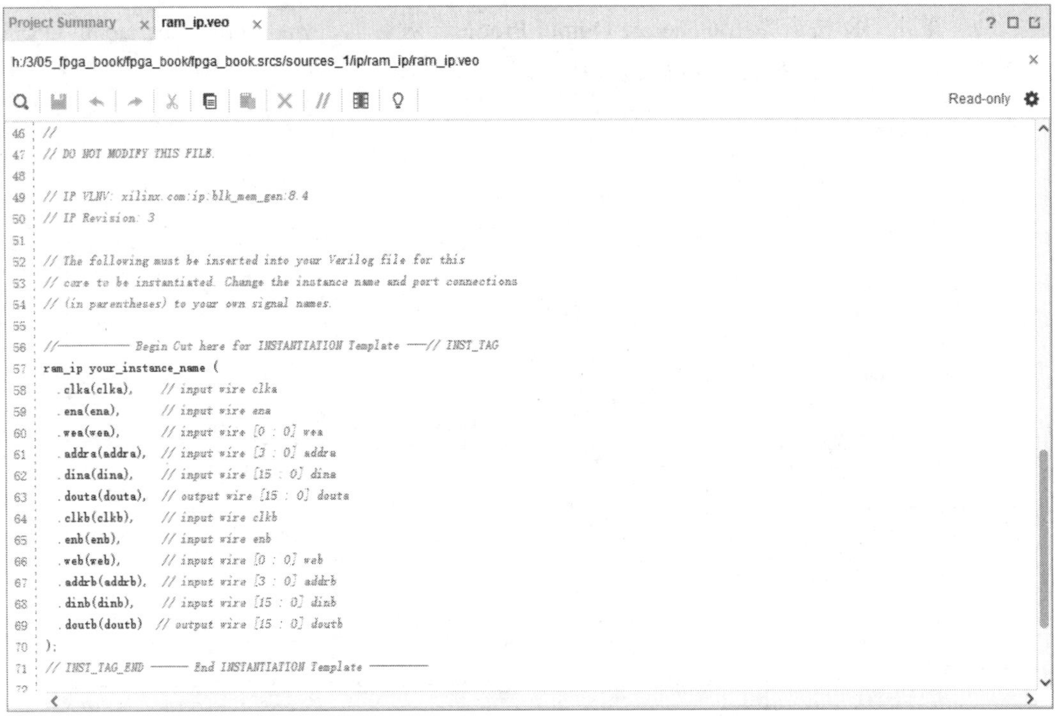

图 5.38　FIFO IP 核实例化模板

5.3.3　RAM IP 核仿真

1. RAM IP核激励设计

使用 System Verilog 语言编写 RAM IP 核仿真激励程序如下：

```
//时间尺度预编译指令
`timescale 1ns / 1ps
//模块名称为 ram_tb
module ram_tb();
//产生 10MHz 写时钟激励
logic rx_clk;
initial begin
  rx_clk = 0;
  forever
  #50 rx_clk = !rx_clk;
end
//产生 100MHz 读时钟激励
bit sys_clk;
initial begin
  sys_clk = 0;
  forever
  #5 sys_clk = !sys_clk;
end
//产生复位激励
bit sys_reset;
initial begin
```

```
    sys_reset = 1;
    #1000
    sys_reset = 0;
end
//仿真计数器
byte  sim_count;
always @(posedge rx_clk)begin
  if(sys_reset)
    sim_count <= 'd0;
  else if(sim_count == 'd200)
    sim_count <= 'd200;
  else
    sim_count <= sim_count + 'd1;
end
//使用 10MHz 时钟写 RAM 操作
bit         wea  ;
logic [3:0] addra;
shortint    dina ;
shortint    douta;
always @(posedge rx_clk)begin
  if(sys_reset)begin
    wea   <= 'd0;
    addra <= 'd0;
    dina  <= 'd0;
  end
  else begin
  case(sim_count)
    32'd100:begin
      wea   <= 'd1;
      addra <= 'd1;
      dina  <= sim_count;
    end
    32'd105:begin
      wea   <= 'd1;
      addra <= 'd1;
      dina  <= sim_count;
    end
    default:begin
      wea   <= 'd0;
      addra <= addra;
      dina  <= dina;
    end
  endcase
  end
end
//使用 100MHz 时钟读 RAM 操作
bit         web  ;
logic [3:0] addrb;
shortint    dinb ;
shortint    doutb;
always @(posedge sys_clk)begin
  if(sys_reset)begin
    web   <= 'd0;
    addrb <= 'd0;
    dinb  <= 'd0;
  end
  else begin
    web   <= 'd0;
    addrb <= 'd1;
```

```
      dinb   <=  'd0;
    end
  end

//例化 ram_ip 模块
ram_ip  ram_ip (
    .clka   (rx_clk   ),
    .ena    (1'b1     ),
    .wea    (wea      ),
    .addra  (addra    ),
    .dina   (dina     ),
    .douta  (douta    ),
    .clkb   (sys_clk  ),
    .enb    (1'b1     ),
    .web    (web      ),
    .addrb  (addrb    ),
    .dinb   (dinb     ),
    .doutb  (doutb    ));
endmodule
```

注意：RAM 读写控制需要读写策略，这里一个端口写数据，另一个端口读数据。真双口 RAM 也可以解决跨时钟域问题。

2. RAM IP核仿真波形

使用 Vivado 2019.1 软件对 RAM IP 核进行功能仿真。首先使用 10MHz 时钟分别向 RAM 地址 1 中写入数据 0064 和 0069，然后使用 100MHz 时钟从 RAM 地址 1 中读出写入的数据 0064 和 0069；读写数据一致验证了 RAM 功能的正确性，如图 5.39 所示。

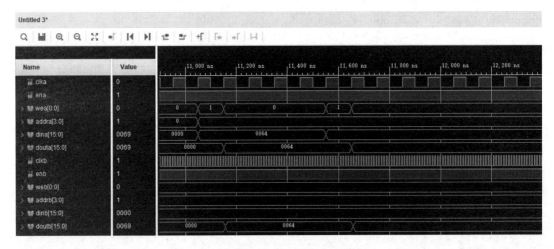

图 5.39　RAM IP 核仿真波形

3. RAM IP核仿真总结

❑ 真双口 RAM 不仅可以缓存数据，也可以进行异步时钟域处理。此外，也可以使用异步 FIFO 进行跨时钟域处理。

❑ 真双口 RAM 有两个端口，一个端口用于写数据，另一个端口用于读数据。

☎建议：FPGA 芯片内有两种存储器资源，一种是 Block RAM，另一种是分布式 RAM。在定制 RAM IP 核时，建议设计者使用 Block RAM 存储器资源。Block RAM 作为一种固定资源存在于 FPGA 内，在设计时要好好利用，以便节省有限的 LUT，因为分布式 RAM 是由 LUT 配置而成的内部存储器。

5.4　Counter IP 核设计

计数器的实现主要有两种方式，分别为利用硬件描述语言实现和使用计数器 IP 核实现。本节将从 4 个方面介绍计数器 IP 核的实现方法。

5.4.1　Counter 简介

DSP48E1 是 Xilinx 7 系列 FPGA 的专用 DSP 模块，运算速度可以达到 600Mb/s 以上，极大提高了 FPGA 在视频图像处理中的处理速度。DSP48E 模块支持多种独立的功能，包括乘法器、乘法累加器（MAC）、后接加法器的乘法器、三输入加法器、桶形移位器、宽总线多路复用器、大小比较器和宽计数器。当然，计数器也可以使用 DSP48E1 硬核来实现，可节省 LUT 资源。

5.4.2　Counter IP 核定制

（1）使用 Vivado 2019.1 设计软件创建工程，如图 5.40 所示，创建流程参考 4.4.3 节。

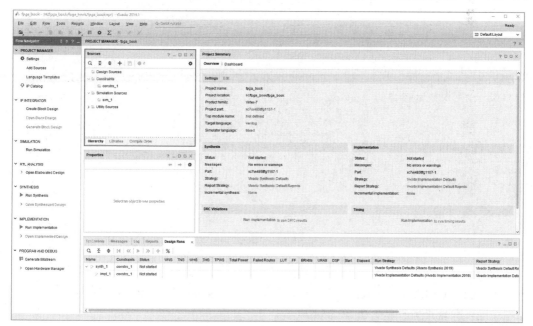

图 5.40　使用 Vivado 创建工程

（2）在新建工程中选择 IP Catalog，如图 5.41 所示。在 Search 栏中输入 counter 出现 Counter IP 核，双击 Binary Counter 进入 Counter IP 核配置界面，如图 5.42 所示。

（3）Counter IP 核第 1 页配置：Component Name 配置为 counter_ip，Implement using 选择 DSP48，Output Width 设置为 48，其他配置默认，如图 5.43 所示。

图 5.41　选择 IP Catalog

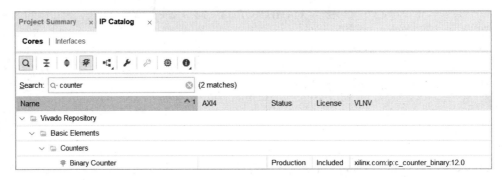

图 5.42　Counter IP 核

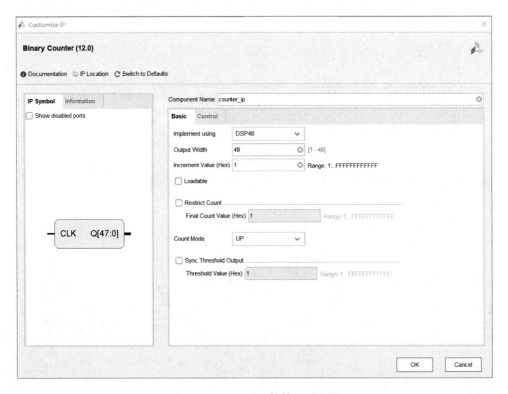

图 5.43　Counter IP 核第 1 页配置

（4）Counter IP 核第 2 页配置：勾选 Synchronous Clear（SCLR）复选框，支持计数器清零功能，其他配置默认，如图 5.44 所示。

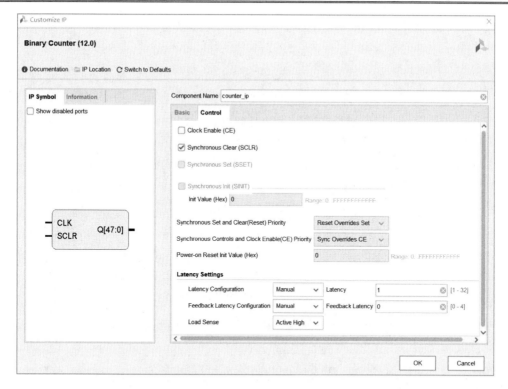

图 5.44　Counter IP 核第 2 页配置

（5）单击 OK 按钮弹出 Generate Output Products 对话框，依次单击 Generate 和 OK 按钮生成时钟 IP 核，如图 5.45 和图 5.46 所示。

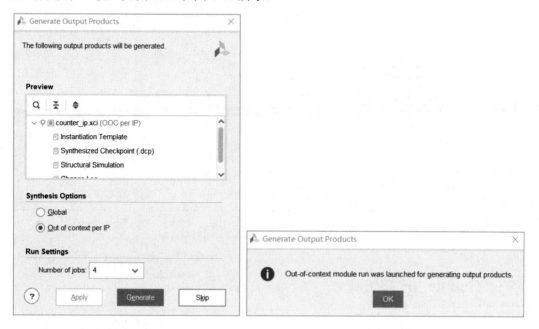

图 5.45　单击 Generate 按钮　　　　　　　　　图 5.46　单击 OK 按钮

（6）查看 RAM IP 核，如图 5.47 所示，RAM IP 核实例化模板如图 5.48 所示。

图 5.47　Counter IP 核

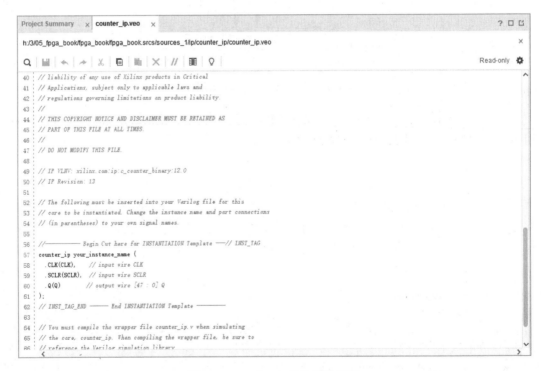

图 5.48　Counter IP 核实例化模板

5.4.3　Counter IP 核仿真

1. Counter IP核激励设计

使用 System Verilog 语言编写 Counter IP 核仿真激励程序如下：

```
//时间尺度预编译指令
`timescale 1ns / 1ps
//模块名称为 counter_tb
module counter_tb()
logic [47:0] counter;                          //计数器变量
//利用任务产生复位激励
logic sys_rst;
task reset;
  input [31:0] reset_timer;
  begin
    sys_rst = 1;
    #reset_timer
    sys_rst = 0;
  end
endtask
//调用任务复位
initial begin
  reset(32'd100);
  $display("system reset finish!!!");
end
//产生 50MHz 时钟激励
bit sys_clk;
initial begin
  sys_clk = 0;
  forever
  #10 sys_clk = !sys_clk;
end
//例化 counter_ip 模块
counter_ip counter_ip (
  .CLK (sys_clk    ),
  .SCLR(sys_rst    ),
  .Q   (counter    ));
endmodule
```

注意：利用硬核实现计数器可以节省 FPGA LUT 逻辑资源。

2. Counter IP核仿真波形

使用 Vivado 2019.1 软件对 Counter IP 核进行功能仿真，从仿真波形可以看出，清零计数器时计数器为 0，不清零计数器时计数器递增计数，验证了 Counter 功能的正确性，如图 5.49 所示。

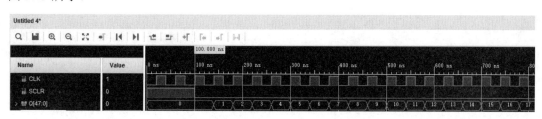

图 5.49　Counter IP 核仿真波形

3. Counter IP仿真总结

❏ 复位结束后开始计数。

❏ 使用 DSP48 实现的计数器可以节省 LUT 资源。

5.5　本 章 习 题

1. Vivado 定制 MMCM IP 核流程是什么？如何例化 MMCM IP 核？MMCM IP 核有哪些用途？

2. Vivado 定制 FIFO IP 核流程是什么？如何例化 FIFO IP 核？FIFO IP 核有哪些用途？

3．Vivado 定制 RAM IP 核流程是什么？如何例化 RAM IP 核？RAM IP 核有哪些用途？

4．Vivado 定制 Counter IP 核流程是什么？如何例化 Counter IP 核？Counter IP 核有哪些用途？

第 6 章　FPGA 代码封装

本章将介绍 IP 核和网表的基本概念，以及使用 Vivado 定制自定义 IP 核和使用 Vivado 仿真用户自定义 IP 核的基本流程。此外将以一个计数器为例，介绍利用 Vivado 软件封装用户 IP 核和封装用户网表文件的流程。

本章的主要内容如下：

❑ 如何打包 IP 核及调用封装 IP 核。
❑ 如何封装网表及调用网表文件。
❑ IP 核封装和网表封装的作用。

6.1　IP 核封装

在 FPGA 实际开发中，FPGA 器件厂商提供的 IP 并不适用于所有场景，用户根据自身需求，可以将设计封装成自定义 IP 核，然后在之后的设计中继续使用此 IP 核。

本节将以一个计数器为例，详细介绍使用 Vivado 软件封装用户 IP 核的流程，让读者快速掌握用户 IP 核封装的方法和基本流程。

6.1.1　IP 核简介

IP 核就是知识产权核或知识产权模块的意思，在 EDA 技术开发中具有十分重要的地位。美国著名的 Dataquest 咨询公司将半导体产业的 IP 定义为 "用在 ASIC 或 FPGA 中预先设计好的电路功能模块"。

IP 核分为软核、硬核和固核三种。软核为综合的 HDL 描述，硬核为芯片版图，固核为门级 HDL 描述。软核通常以 HDL 文本形式提交给用户，它是经过 RTL 级设计优化和功能验证的，但不含有任何具体的物理信息。固核是一种介于软核与硬核之间的 IP，它既不独立也不固定，可根据用户要求做部分修改，而硬核不能更改。

IP 核将一些在数字电路中常用但比较复杂的功能块，如 FIR 滤波器、SDRAM 控制器和 PCI 接口等设计成可修改参数的模块。随着 CPLD 和 FPGA 的规模越来越大，设计越来越复杂（IC 的复杂度以每年 55% 的速率递增，而设计能力每年仅提高 21%），设计者的主要任务是在规定的时间周期内完成复杂的设计工作。调用 IP 核能避免重复劳动，大大减轻工程师的工作量，因此使用 IP 核是发展趋势，IP 核的重用大大缩短了产品上市时间。

在 FPGA 实际开发中，FPGA 厂商提供的 IP 并不适用于所有情况，需要根据实际需要进行修改，或者是自己设计 IP，需要再次调用时可以将设计封装成自定义 IP，然后在之后的设计中继续使用此 IP。这里介绍一下 IP Packager 这个工具。IP Packager 用来将设计打包并封装成 IP，然后在 IP Catalog 中导入，这样就可以与 Xilinx 提供的 IP 一起使用了。IP Packager 工具的操作比较简单。

6.1.2　自定义 IP 核封装

本节将使用 Vivado 来封装用户自定义的 IP 核，并在 Vivado 软件中定制和仿真自定义 IP 核。下面以计数器为例，使用 Vivado 2019.1 软件对计数器模块进行自定义 IP 核封装、调用和仿真。

1．计数器模块设计

使用 Verilog HDL 编写计数器模块程序如下：

```verilog
//时间尺度预编译指令
`timescale 1ns / 1ps
//模块名称为 counter
module counter(
input  sys_clk   ,              //系统时钟，频率为100MHz
input  sys_reset ,              //系统复位，高电平有效
output [7:0] cnt );             //计数器输出
reg  [7:0] cnt_reg1;            //计数器
//循环计数器
always @(posedge sys_clk)begin
  if(sys_reset)
    cnt_reg1 <= 'd0;
  else
    cnt_reg1 <= cnt_reg1 + 'd1;
end
assign cnt = cnt_reg1;
endmodule
```

注意："<="与"="都是赋值，时序逻辑使用非阻塞赋值（<=），组合逻辑使用阻塞赋值（=）。

2．创建工程

使用 Vivado 2019.1 软件创建工程，如图 6.1 所示，创建工程流程参考 4.4.3 节。

3．添加设计文件

（1）在 Sources 面板的任意位置上右击，在弹出的快捷菜单中选择 Add sources 命令，弹出对话框如图 6.2 所示。

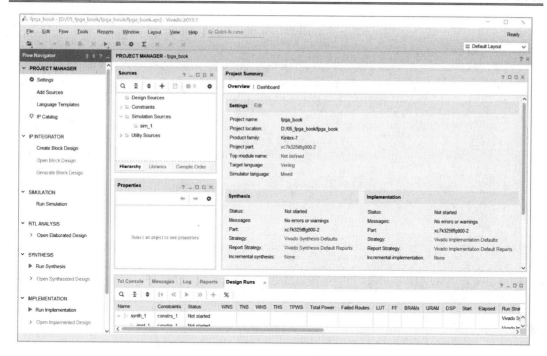

图 6.1 使用 Vivado 创建工程

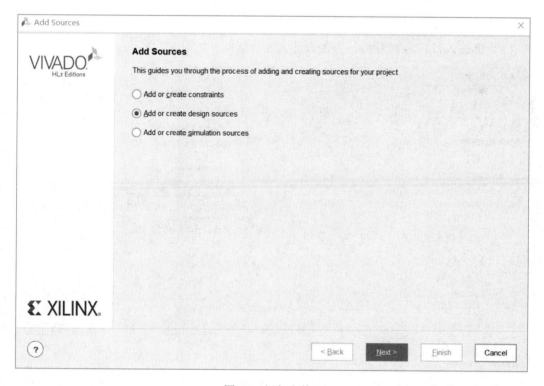

图 6.2 添加文件 1

（2）选择 Add or create design sources 单选按钮，单击 Next 按钮进入下一步，如图 6.3 所示。

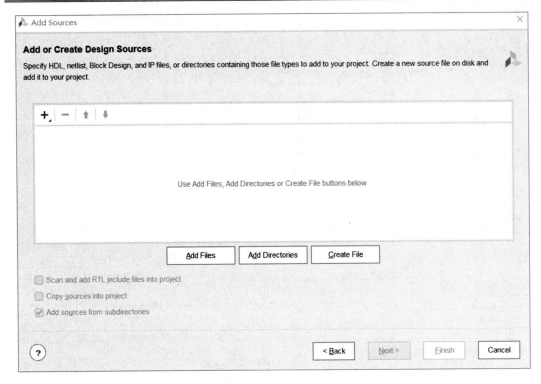

图 6.3　添加文件 2

（3）单击 Add Files 按钮弹出添加设计文件对话框，如图 6.4 所示。

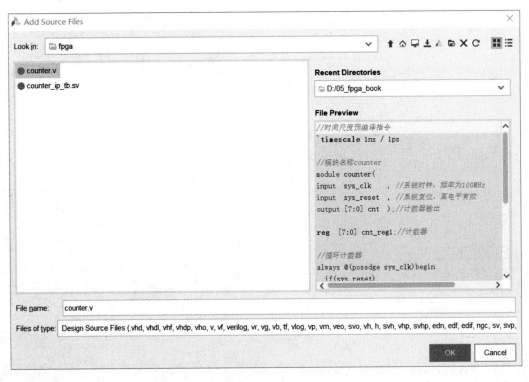

图 6.4　添加文件 3

（4）选择已有的设计文件 counter.v，单击 OK 按钮进入下一步，如图 6.5 所示。

（5）单击 Finish 按钮完成设计文件的添加，如图 6.6 所示。

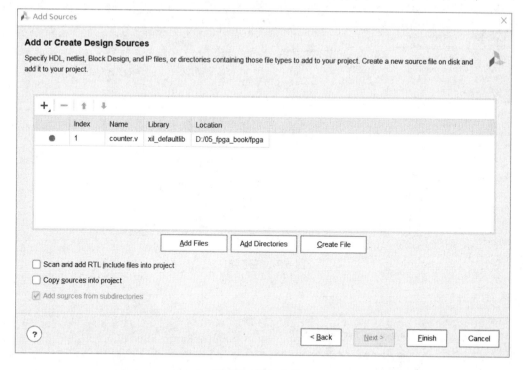

图 6.5　添加文件 4

4. 逻辑综合

使用 Vivado 软件对计数器模块进行逻辑综合，选择 Run Synthesis 运行逻辑综合命令，如图 6.7 所示。运行完成后，如图 6.8 所示。

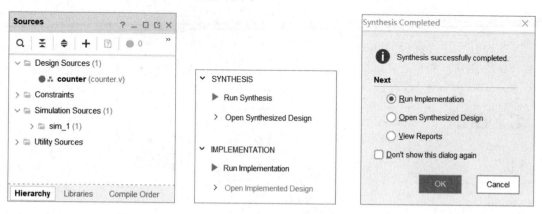

图 6.6　添加文件 5　　　图 6.7　使用 Vivado 进行逻辑综合　　　图 6.8　完成逻辑综合

5. 创建和封装 IP

（1）逻辑综合完成之后，在 Vivado 软件窗口中选择 Tools | Create and Package New IP

命令创建 IP，如图 6.9 和图 6.10 所示。

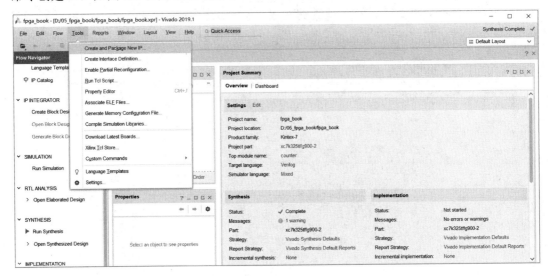

图 6.9　创建 IP1

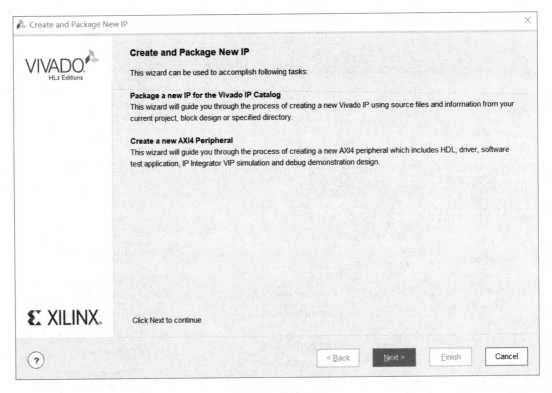

图 6.10　创建 IP2

（2）单击 Next 按钮进入下一步，如图 6.11 所示。

（3）选择 Package your current project 单选按钮，单击 Next 按钮进入下一步，如图 6.12 所示。

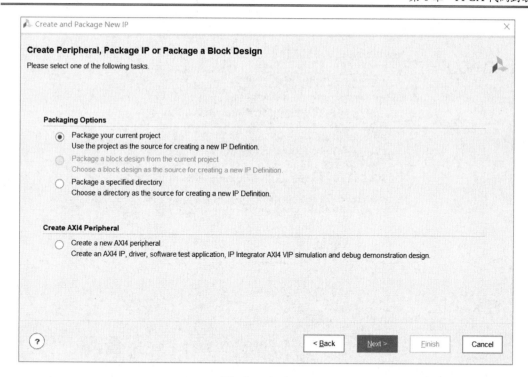

图 6.11　创建 IP3

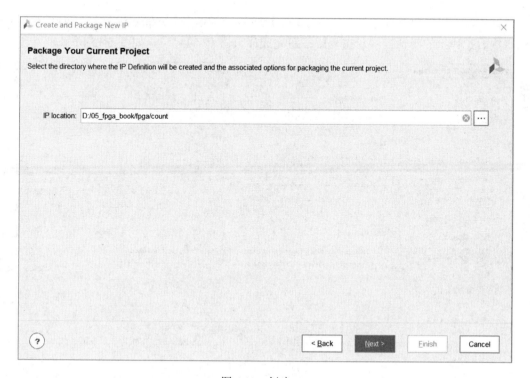

图 6.12　创建 IP4

（4）直接单击 Next 按钮进入下一步，然后单击 Finish 按钮完成计数器模块 IP 的创建，如图 6.13 所示。

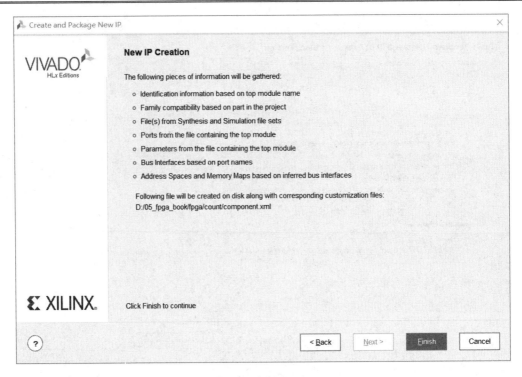

图 6.13　创建 IP5

（5）在弹出的对话框中选择 Review and Package，单击 Package IP 按钮，如图 6.14 所示。然后在弹出的对话框中单击 OK 按钮完成计数器 IP 的封装，如图 6.15 所示。

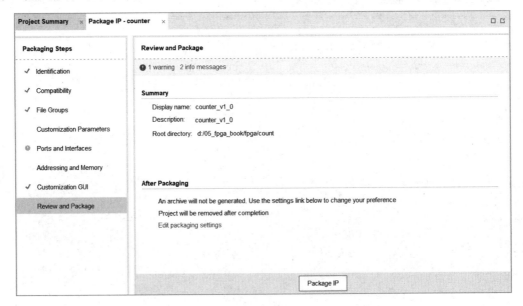

图 6.14　封装 IP1

6. 查看和定制IP

（1）在 Vivado 软件窗口中选择 IP Catalog，如图 6.16 所示。

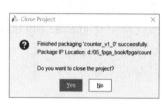

图 6.15　封装 IP2　　　　　　　　　　图 6.16　查看自定义 IP1

（2）在弹出的窗口中展开 User Repository 和 UserIP 项，可以看到自定义 IP 核为 counter_v1_0，如图 6.17 所示。

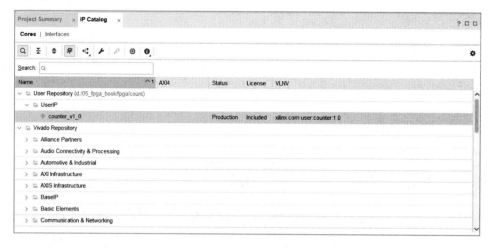

图 6.17　查看自定义 IP2

（3）双击自定义计数器 IP 核 counter_v1_0，弹出的对话框如图 6.18 所示。

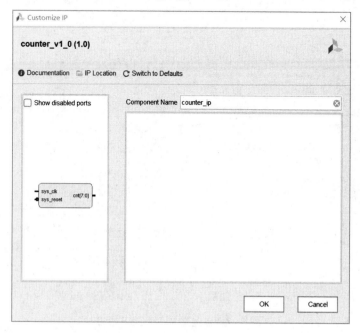

图 6.18　定制自定义 IP1

（4）将 Component Name 设置为 counter_ip，单击 OK 按钮进入下一步，如图 6.19 所示。在弹出的对话框中选择 Global 单选按钮，然后分别单击 Generate 和 OK 按钮完成自定义计数器 IP 核的定制，如图 6.20 所示。

7. 自定义IP核实例化模板

在 Vivado 软件窗口中选择 IP Sources，然后展开 counter_ip→Instantiation Template 文件夹，双击打开 counter_ip.veo 文件，如图 6.21 所示，进入计数器封装 IP 核例化模板窗口，如图 6.22 所示，然后复制计数器模块例化使用即可。

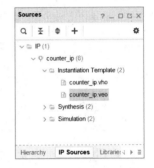

图 6.19　定制自定义 IP2　　　　图 6.20　定制自定义 IP3　　　　图 6.21　自定义 IP 实例化模板 1

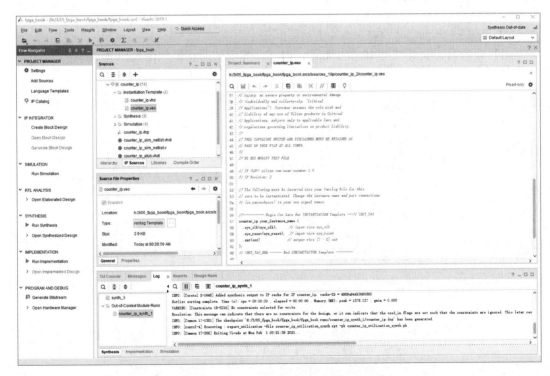

图 6.22　自定义 IP 实例化模板 2

6.1.3　自定义 IP 核验证

1. 自定义IP核激励设计

使用 System Verilog 语言编写自定义计数器 IP 核仿真激励程序如下：

```
//时间尺度预编译指令
`timescale 1ns / 1ps
//模块名称为 counter_ip_tb
module counter_ip_tb();
byte  cnt;                              //计数器
//产生 100MHz 时钟激励
bit sys_clk;
initial begin
  sys_clk = 0;
  forever
  #5 sys_clk = !sys_clk;
end
//产生复位激励
bit sys_reset;
initial begin
  sys_reset = 1;
  #1000
  sys_reset = 0;
end
//例化 counter_ip 模块
counter_ip counter_ip (
  .sys_clk (sys_clk ),
  .sys_reset(sys_reset),
  .cnt     (cnt     ));
endmodule
```

🔔注意：byte 表示数据位宽为 8 位。

2. 自定义IP核仿真波形

使用 Vivado 2019.1 软件仿真自定义计数器 IP 核，通过计数器 IP 核仿真波形可以看出，计数器从 0 开始递增，验证了自定义计数器 IP 核逻辑功能的正确性，如图 6.23 所示。

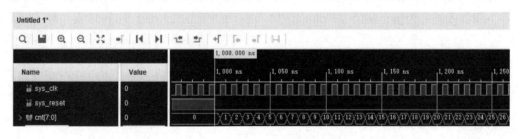

图 6.23　自定义 IP 核仿真波形

3. 自定义IP核设计总结

通过封装自定义 IP 核可以让项目集成变得简单，集成人员不需要管理代码，只需要从 IP 库中添加子模块 IP 即可。

封装自定义 IP 核不仅可以用于功能仿真，而且可以在项目工程中直接运行。

6.2　网表封装

在 FPGA 实际开发中，FPGA 器件厂商提供的 IP 并不适用于所有场景，用户根据自身需求，可以将设计封装成自定义 IP 核，然后在之后的设计中继续使用此 IP 核。但是 IP 核封装方法并不能起到加密的作用，而网表封装的 FPGA 源代码则可以起到加密的作用，因为网表文件只对 FPGA 模块接口进行开放，用户永远看不到核心的设计代码。

本节将以一个闪烁灯为例，详细介绍使用 Vivado 软件封装网表文件的基本流程，让读者快速掌握用户代码封装网表文件的基本流程。

6.2.1　网表简介

在电路设计中，网表（Netlist）用于描述电路元件之间的连接关系，一般来说其是一个遵循某种比较简单的标记语法的文本文件。门级（gate-level）指网表描述的电路综合级别。在门级网表中描述的电路元件基本是门（gate）或与此同级别的元件。

自定义 IP 核便于系统集成，但是不能对源文件进行加密，也就是说自定义 IP 核不能很好地保护自己的知识产权。那么，如何将工程源文件加密呢？可以将设计制作成 BlackBo（黑盒子），也就是网表文件，这样别人既看不到你的设计，又能调用你的模块进行系统设计。BlackBox 网表可以是 EDIF 或 NGC 文件，通常付费 IP 都会以 BlackBox 的形式呈现。

在 Vivado TCL 命令窗口中可以通过调用 write_edif 命令将用户自定义模块封装成.edf 网表文件。

6.2.2　自定义网表封装

本节将使用 Vivado 来封装自己的网表文件，并在 Vivado 软件中调用和验证自定义网表。下面以闪烁灯为例，使用 Vivado 2019.1 软件对闪烁灯模块进行网表封装、调用和上板调试。

1. 闪烁灯模块设计

使用 Verilog HDL 编写闪烁灯模块的程序如下：

```
//时间尺度预编译指令
`timescale 1ns / 1ps
//模块名称为 led
module    led(
input      sys_clk       ,              //系统时钟，频率为 50MHz
input      sys_reset     ,              //系统复位，高电平有效
output reg  o_led        );             //LED 灯
reg [31:0] led_cnt       ;              //秒灯计数器
//计数 1s 时，清零秒灯计数器
```

```
always @(posedge sys_clk)begin
  if(sys_reset)
    led_cnt <= 'd0;
  else if(led_cnt == 32'd50_000_000 - 1'b1)
    led_cnt <= 'd0;
  else
    led_cnt <= led_cnt + 'd1;
end

//计数 1s 时，LED 取反(每秒取反，达到 LED 灯的亮灭效果)
always @(posedge sys_clk)begin
  if(sys_reset)
    o_led <= 'd0;
  else if(led_cnt == 32'd50_000_000 - 1'b1)
    o_led <= ~o_led;
end
endmodule
```

注意："~"是取反运算符。

2．创建工程

使用 Vivado 2019.1 软件创建工程，如图 6.24 所示，创建工程流程 4.4.3 节。

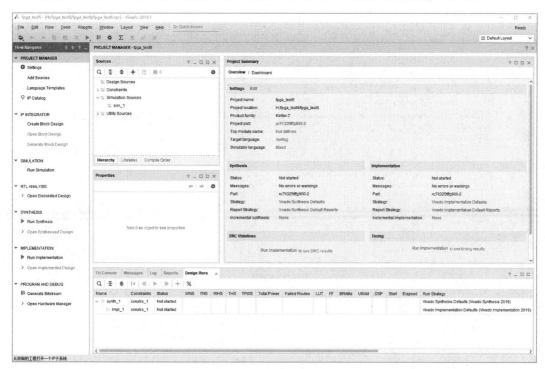

图 6.24　使用 Vivado 创建工程

3．添加设计文件

（1）在 Sources 面板中的任意位置右击，在弹出的快捷菜单中选择 Add sources 命令，弹出的对话框如图 6.25 所示。

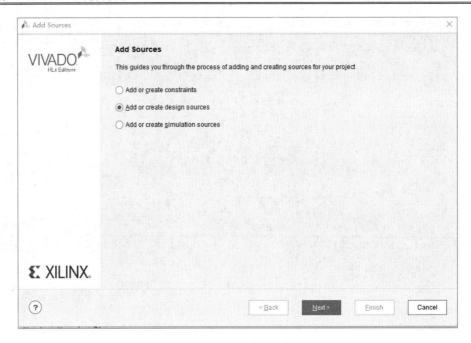

图 6.25　添加文件 1

（2）选择 Add or create design sources 单选按钮，单击 Next 按钮进入下一步，如图 6.26 所示。

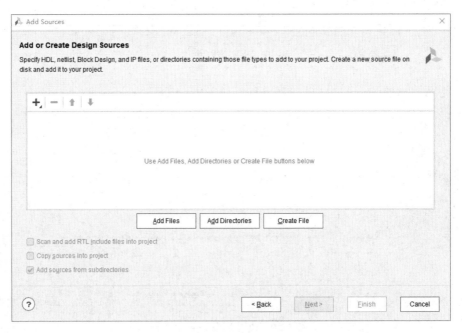

图 6.26　添加文件 2

（3）单击 Add Files 按钮进入添加设计文件对话框，选择已有的设计文件 led.v，单击 OK 按钮进入下一步，然后单击 Finish 按钮完成设计文件的添加，如图 6.27 至图 6.29 所示。

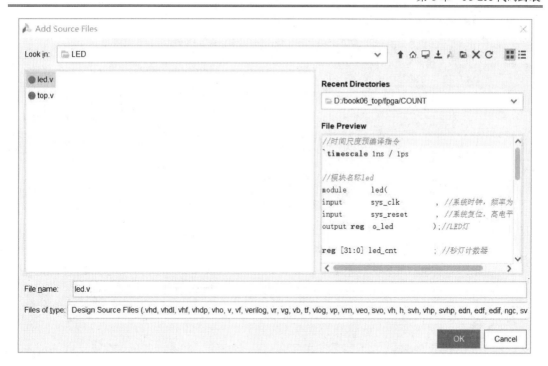

图 6.27　添加文件 3

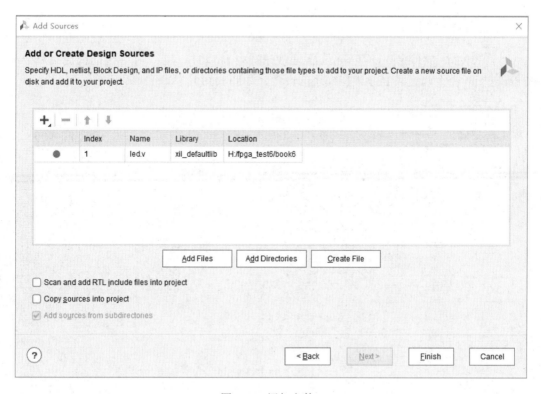

图 6.28　添加文件 4

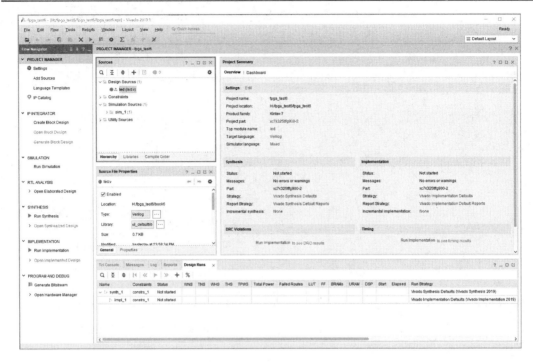

图 6.29　完成文件的添加

4．设置顶层模块

回到 Vivado 软件窗口，在 Sources 面板中选中 led.v 并右击，在弹出的快捷菜单中选择 Set as Top 命令，完成 Led 顶层模块的设置，如图 6.30 所示。

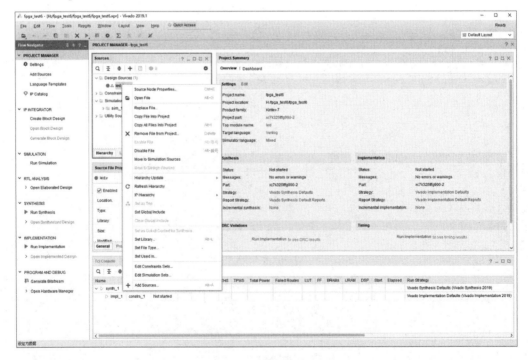

图 6.30　设置顶层模块

5．I/O Buffers 属性设置

（1）在 Vivado 软件窗口中，单击 Settings 设置 I/O Buffers 属性，如图 6.31 所示。

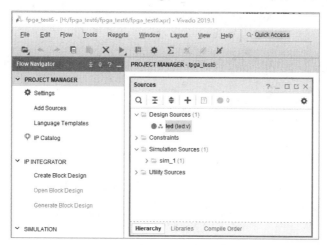

图 6.31　设置 I/O Buffers 属性 1

（2）在弹出的对话框中选择 Synthesis，在 Options 选项区域中，设置 flatten_hierarchy 为 full，如图 6.32 所示，然后设置 More Options 为-mode out_of_context，再后单击 OK 按钮完成 I/O Buffers 属性的设置，如图 6.33 所示。

I/O Bffers 属性设置说明如下：

❑ 将 More Options 值设置为-mode out_of_context，表示在该级不插入任何 I/O Buffers。

❑ 层级结构则可设置-flatten_hierarchy 为 full（全）指示工具把层级全面变平，只剩下顶层，这样可以保护 IP 的层级结构不被其他用户所查看。

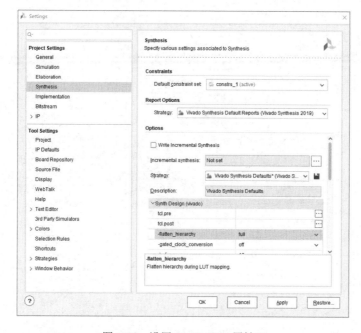

图 6.32　设置 I/O Buffers 属性 2

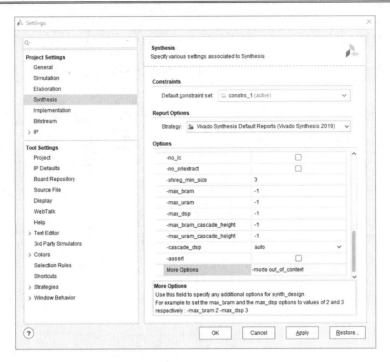

图 6.33　设置 I/O Buffers 属性 3

6．进行逻辑综合

使用 Vivado 软件对计数器模块进行逻辑综合。在 Vivado 软件窗口中单击 Run Synthesis 按钮对计数器模块进行逻辑综合，如图 6.34 所示。然后在弹出的对话框中选择 Open Synthesized Design 并单击 OK 按钮，在 Vivado 软件中打开综合设计效果，如图 6.35 所示。

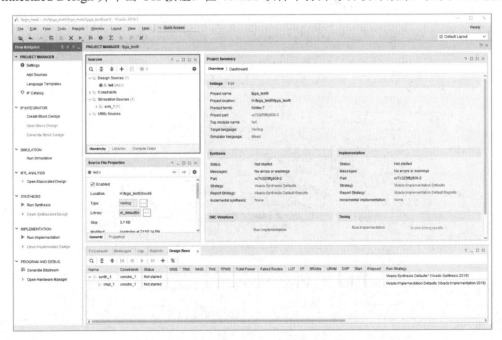

图 6.34　使用 Vivado 进行逻辑综合

7. 封装网表文件

图 6.35 完成逻辑综合

生成顶层空文件和网表文件，选择综合设计 Open Synthesized Design，如图 6.36 所示。

在 Tcl Console 命令窗口中执行命令 1 和命令 2，生成网表文件，如图 6.37 和图 6.38 所示。

❑ 命令 1：write_verilog -mode synth_stub F:/book5_counter_stub.v；

❑ 命令 2：write_edif -security_mode all F:/book5_counter.edf。

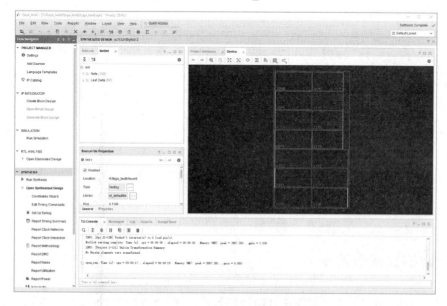

图 6.36 Vivado 综合设计界面

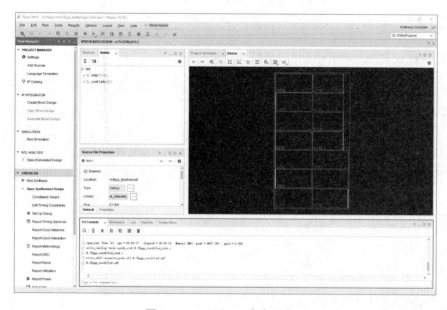

图 6.37 Vivado Tcl 命令行窗口

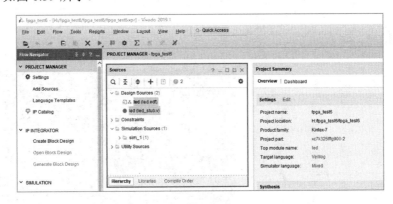

图 6.38　使用 Vivado 生成网表文件

8. 查看和调用网表文件

将 led_stub.v 和 led.edf 文件添加到需要调用的工程中，然后直接对 led 模块进行例化使用即可，如图 6.39 所示。

图 6.39　网表文件添加完成

6.2.3　自定义网表验证

利用 Vivado 2019.1 软件对闪烁灯网表进行在线硬件调试，闪烁灯硬件调试主要分为 4 步，分别为闪烁灯逻辑设计、闪烁灯约束设计、闪烁灯 IP 核定制和闪烁灯在线调试。

1. 闪烁灯逻辑设计

使用 Verilog HDL 编写闪烁灯顶层模块的程序如下：

```verilog
//时间尺度预编译指令
`timescale 1ns / 1ps
//模块名称为 top
module top(
input  clk100_p ,          //差分时钟（正相位），频率为 100MHz
input  clk100_n ,          //差分时钟（负相位），频率为 100MHz
output o_led    );         //LED 灯
wire  clk_50MHz ;          //内部 50MHz 时钟
wire  locked    ;          //内部变量
//例化 mmcm_led 模块
mmcm_led mmcm_led(
  .clk_out1  (clk_50MHz ),
  .reset     (1'b0      ),
  .locked    (locked    ),
  .clk_in1_p (clk100_p  ),
  .clk_in1_n (clk100_n ));
//例化 led 模块
```

```
led    led(
   .sys_clk   (clk_50MHz ),
   .sys_reset (!locked   ),
   .o_led     (o_led     ));
//例化 led_ila 模块
led_ila     led_ila (
   .clk       (clk_50MHz ),
   .probe0    (o_led     ));
endmodule
```

△注意：时钟 IP 核（mmcm_led）、调试 IP 核（led_ila）属于 Xilinx 时钟知识产权和调试
知识产权，mmcm_led 和 led_ila 定制方法参考 6.2.3 节。

2. 闪烁灯约束设计

闪烁灯顶层模块约束设计如下：

```
#差分时钟管脚与周期约束（100MHz）
create_clock -period 10.000 -name clk100_p [get_ports clk100_p]
set_property PACKAGE_PIN AH4 [get_ports clk100_p]
set_property PACKAGE_PIN AJ4 [get_ports clk100_n]
#LED 管脚约束
set_property PACKAGE_PIN D14 [get_ports {o_led}]
set_property IOSTANDARD LVCMOS33 [get_ports {o_led}]
```

△注意：当设计差分时钟约束时，可以只约束时钟 P 端，时钟 N 端可以不约束。

3. 闪烁灯IP核定制

闪烁灯在线调试需要两个 IP 核，分别为 MMCM IP 核和 ILA IP 核，IP 核定制如下。

1）MMCM IP 核定制

利用 Vivado 2019.1 软件定制 MMCM IP 核，MMCM IP 核参数配置如图 6.40 至图 6.44
所示。

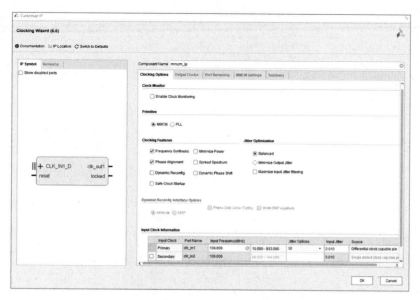

图 6.40　MMCM IP 核定制 1

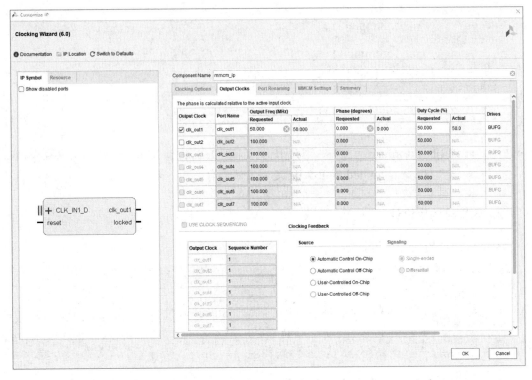

图 6.41　MMCM IP 核定制 2

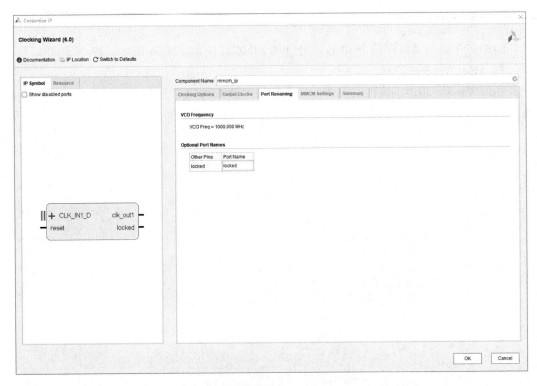

图 6.42　MMCM IP 核定制 3

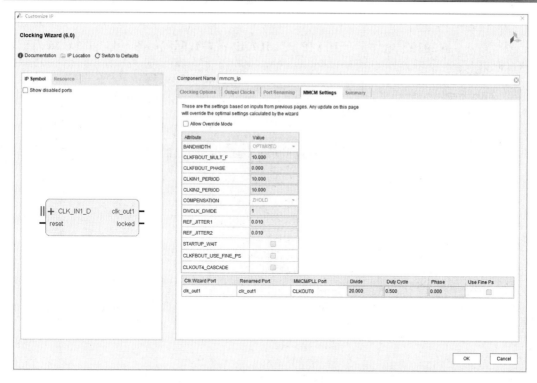

图 6.43　MMCM IP 核定制 3

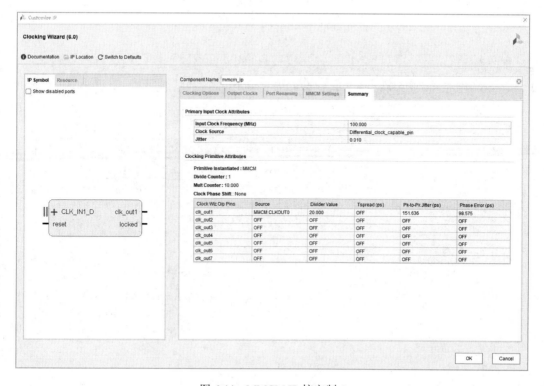

图 6.44　MMCM IP 核定制 4

2）ILA IP 核定制

利用 Vivado 2019.1 软件定制 ILA IP 核，ILA IP 核参数配置如图 6.45 和图 6.46 所示。

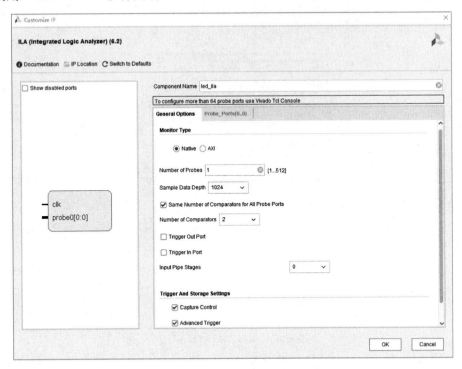

图 6.45　ILA IP 核定制 1

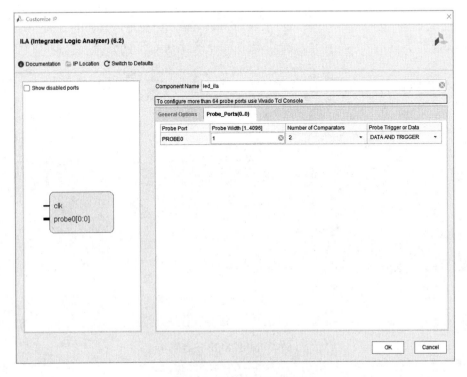

图 6.46　ILA IP 核定制 2

4．闪烁灯在线调试

使用 Vivado 2019.1 软件进行闪烁灯硬件调试验证，调试过程包括：创建工程、添加文件、逻辑综合、布局布线、生成闪烁灯 bit 文件、bit 文件下载和闪烁灯在线调试，生成的闪烁灯 bit 文件如图 6.47 所示。

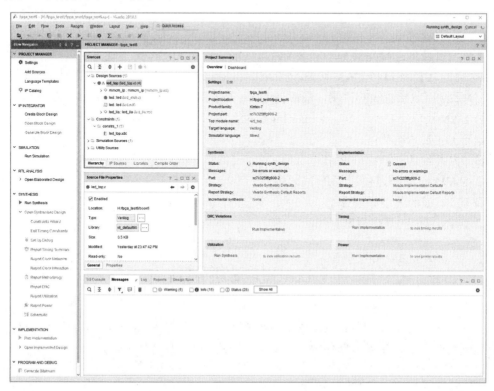

图 6.47　Vivado 闪烁灯网表工程

利用 Vivado 软件调试闪烁灯模块，闪烁灯在线调试波形如图 6.48 所示。

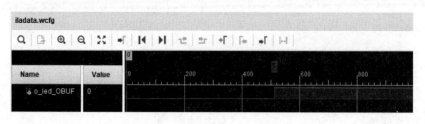

图 6.48　闪烁灯在线调试波形

6.3　本章习题

1．如何打包 IP 核？如何调用封装 IP 核？

2．如何封装网表？如何调用网表文件？

3．IP 核封装和网表封装的优点有哪些？

第 7 章　FPGA 低速接口设计

本章将介绍低速接口的基本概念及常用的低速接口 FPGA 的实现方法,包括 SPI 接口、UART 接口、IIC 接口和 CAN 接口。接着介绍 SPI 总线时序图、UART 总线时序图、IIC 总线时序图和 CAN 总线时序图,最后使用 Verilog HDL 设计 SPI 接口、UART 接口、IIC 接口和 CAN 接口,并使用 System Verilog 语言编写低速接口仿真激励进行逻辑功能验证。

本章的主要内容如下:
- ❏ SPI 总线的通信原理介绍。
- ❏ UART 总线的通信原理介绍。
- ❏ IIC 总线的通信原理介绍。
- ❏ CAN 总线的通信原理介绍。

7.1　SPI 逻辑设计

SPI(Serial Peripheral Interface,串行外围设备接口)是 Motorola 公司提出的一种同步串行数据传输标准,在很多器件中被广泛应用。SPI 接口具有如下优点:
- ❏ 支持全双工操作。
- ❏ 操作简单。
- ❏ 数据传输速率较高。

本节将介绍 SPI 总线简介、SPI 总线通信原理和 SPI 总线时序,然后利用硬件描述语言实现 SPI 总线发送双字节数据的功能,最后使用 Vivado 软件仿真和调试 SPI 总线发送功能,验证 SPI 总线的发送功能。

7.1.1　SPI 总线概述

1. SPI总线简介

SPI 在芯片上只占用四根线(CS、MOSI、MISO 和 SCK),极大地节约了芯片的引脚。SPI 是微处理控制单元(MCU)和外围设备之间进行通信的同步串行端口,主要应用在 EEPROM、闪存(Flash)、实时时钟(RTC)、数模转换器(ADC)、网络控制器、微处理控制单元(MCU)、数字信号处理器(DSP)及数字信号解码器之间。

2. SPI通信原理

SPI 的通信原理很简单,它以主从方式进行工作,这种模式通常包括一个主设备和一个或多个从设备，至少需要 4 根线，事实上 3 根也可以（单向传输时也就是半双工方式）。SPI 通信是四线串行通信，也就是说数据是一位一位进行传输的。SCK 提供通信所需的时钟脉冲，MOSI 和 MISO 则基于此时钟进行数据传输。对于数据输出来说（主机发送），通过 MOSI 线发送串行数据，数据只在时钟上升沿或下降沿发生变化，如果要发送 1 个字节（8 比特）的数据，至少需要 8 个时钟周期才能完成，因为每个时钟周期只能发送 1 比特位的数据。对于数据接收来说（从机接收），通过 MISO 线接收串行数据，接收原理与发送原理相同。

3. SPI 总线时序

SPI 总线有 4 种时序模式，分别为模式 0（CPOL=0，CPHA=0）、模式 1（CPOL=0，CPHA=1）、模式 2（CPOL=1，CPHA=0）和模式 3（CPOL=1，CPHA=1）。这里只介绍 SPI 模式 0 时序，如图 7.1 所示。

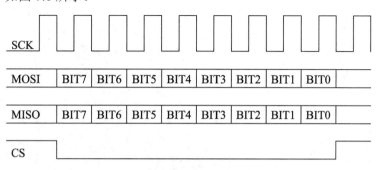

图 7.1　SPI 模式 0 时序图

标准 SPI 的 SPI 总线接口有 4 个信号，这 4 个信号说明如下：

- ❑ SCK：时钟信号，由主机产生。
- ❑ MOSI：发送数据。
- ❑ MISO：接收数据，由主机产生。
- ❑ CS：片选信号，低电平有效。

7.1.2　SPI 实例设计

本节实现 SPI 发送功能，该模块工作在 SPI 的模式 0 下。FPGA 作为主设备通过 SPI 接口发送数据到从设备上，传输数据为 16 位。使用 Verilog HDL 编写 SPI 发送模块的程序如下：

```
//时间尺度预编译指令
`timescale 1ns / 1ps
//模块名称为 spi_send
module spi_send(
input       sys_clk         ,         //系统时钟，频率为 50MHz
input       sys_reset       ,         //系统复位，高电平有效
input[15:0] i_data          ,         //发送并行数据
input       i_data_en       ,         //发送并行数据使能
output      spi_clk         ,         //SPI 串行时钟，50MHz
output      spi_csn         ,         //SPI 片选，低电平有效
```

```verilog
output       spi_sdi              );        //SPI 串行数据
parameter    spi_idle      = 4'h1;          //空状态
parameter    spi_send_state = 4'h2;         //发送数据状态
parameter    spi_send_gap   = 4'h4;         //发送间隔状态
parameter    spi_send_end   = 4'h8;         //发送结束状态
reg    [3:0] spi_cstate            ;        //当前状态
reg    [3:0] spi_nstate            ;        //下一个状态
reg    [4:0] send_cnt              ;        //发送数据状态计数器
reg    [31:0]send_gap_cnt          ;        //发送间隔状态计数器
reg    [15:0]data_reg1             ;        //发送数据
reg          dac_clk_reg1          ;        //SPI 时钟
reg          dac_csn_reg1          ;        //SPI 片选
reg          dac_sdi_reg1          ;        //SPI 数据
//当前状态跳转
always @(posedge sys_clk)begin
  if(sys_reset)
    spi_cstate <= spi_idle;
  else
    spi_cstate <= spi_nstate;
end

//下一个状态跳转
always @(*) begin
  spi_nstate = spi_idle;                    //状态机初始化
  case(spi_cstate)
    spi_idle:begin
      if(i_data_en == 1'b1)                 //开始发送数据
        spi_nstate = spi_send_state;
      else
        spi_nstate = spi_idle;
    end
    spi_send_state:begin
      if(send_cnt == 'd15)                  //发送数据结束
        spi_nstate = spi_send_gap;
      else
        spi_nstate = spi_send_state;
    end
    spi_send_gap:begin
      if(send_gap_cnt == 'd100)             //两个数据发送间隔控制
        spi_nstate = spi_send_end;
      else
        spi_nstate = spi_send_gap;
    end
    spi_send_end:begin
      spi_nstate = spi_idle;
    end
    default:begin
      spi_nstate = spi_idle;                //防止状态机跳转到未定义状态
    end
  endcase
end
//当状态机处于发送数据状态时计数器开始计数；当状态机处于其他状态时计数器清零
always @(posedge sys_clk)begin
  if(sys_reset)
    send_cnt <= 'd0;
  else if(spi_cstate == spi_send_state)
    send_cnt <= send_cnt + 'd1;
  else
```

```
      send_cnt <= 'd0;
end
//当为发送间隔状态时计数器计数；当为其他状态时计数器清零
always @(posedge sys_clk)begin
  if(sys_reset)
    send_gap_cnt <= 'd0;
  else if(spi_cstate == spi_send_gap)
    send_gap_cnt <= send_gap_cnt + 'd1;
  else
    send_gap_cnt <= 'd0;
end
//寄存发送数据
always @(posedge sys_clk)begin
  if(sys_reset)
    data_reg1 <= 'd0;
  else if(spi_cstate == spi_idle)begin
    data_reg1 <= i_data;
  end
end
//SPI 串行时钟输出
always @( * )begin
  if(dac_csn_reg1)
  //片选为高时 SPI 无时钟输出
    dac_clk_reg1 = 1'b0;
  else
  //片选为低时 SPI 时钟输出
    dac_clk_reg1 = ~sys_clk;
end
//SPI 片选信号输出
always @(posedge sys_clk)begin
  if(sys_reset)
    dac_csn_reg1 <= 'd1;
  else if(spi_cstate == spi_send_state)      //发送数据时拉低片选
    dac_csn_reg1 <= 'd0;
  else
    dac_csn_reg1 <= 'd1;
end
//SPI 串行数据输出
always @(posedge sys_clk)begin
  if(sys_reset)
    dac_sdi_reg1 <= 'd0;
  //当状态机处于发送数据状态时开始发送数据，先发送并行数据的高比特位，然后再发送并行数
  //据的低比特位
  else if(spi_cstate == spi_send_state)begin
    case(send_cnt)
      'd0 :dac_sdi_reg1 <= data_reg1[15];//MSB(15bit)
      'd1 :dac_sdi_reg1 <= data_reg1[14];//MSB(14bit)
      'd2 :dac_sdi_reg1 <= data_reg1[13];//MSB(13bit)
      'd3 :dac_sdi_reg1 <= data_reg1[12];//MSB(12bit)
      'd4 :dac_sdi_reg1 <= data_reg1[11];//MSB(11bit)
      'd5 :dac_sdi_reg1 <= data_reg1[10];//MSB(10bit)
      'd6 :dac_sdi_reg1 <= data_reg1[09];//MSB(09bit)
      'd7 :dac_sdi_reg1 <= data_reg1[08];//MSB(08bit)
      'd8 :dac_sdi_reg1 <= data_reg1[07];//MSB(07bit)
      'd9 :dac_sdi_reg1 <= data_reg1[06];//MSB(06bit)
      'd10:dac_sdi_reg1 <= data_reg1[05];//MSB(05bit)
      'd11:dac_sdi_reg1 <= data_reg1[04];//MSB(04bit)
      'd12:dac_sdi_reg1 <= data_reg1[03];//MSB(03bit)
      'd13:dac_sdi_reg1 <= data_reg1[02];//MSB(02bit)
      'd14:dac_sdi_reg1 <= data_reg1[01];//MSB(01bit)
```

```
    'd15:dac_sdi_reg1 <= data_reg1[00];//LSB(00bit)
        default:dac_sdi_reg1 <= 'd0;
    endcase
  end
  else dac_sdi_reg1 <= 'd0;
end
assign spi_clk = dac_clk_reg1;
assign spi_csn = dac_csn_reg1;
assign spi_sdi = dac_sdi_reg1;
endmodule
```

📖注意：SPI 串行数据的发送原理是利用一个计数器（0～15 循环计数器）将并行 16 位数据转换为 16 位串行数据。

7.1.3　SPI 实例验证

1. SPI发送模块激励设计

使用 System Verilog 语言编写 SPI 发送模块仿真激励的程序如下：

```
//时间尺度预编译指令
`timescale 1ns / 1ps
//模块名称为 spi_send_tb
module spi_send_tb();
logic spi_clk;                         //SPI 时钟
logic spi_csn;                         //SPI 片选
logic spi_sdi;                         //SPI 数据
//产生 50MHz 时钟激励
bit sys_clk;
initial begin
  sys_clk = 0;
  forever
  #10 sys_clk = !sys_clk;
end
//产生复位激励
bit sys_reset;
initial begin
  sys_reset = 1;
  #1000
  sys_reset = 0;
end
//输出一个 SPI 时序波形，仿真完成
initial begin
  #2000
  $finish;
end
//例化 spi_send 模块
spi_send spi_send(
    .sys_clk     (sys_clk     ),
    .sys_reset   (sys_reset   ),
    .i_data      (16'haa11    ),
    .i_data_en   (1'b1        ),
    .spi_clk     (spi_clk     ),
    .spi_csn     (spi_csn     ),
    .spi_sdi     (spi_sdi     ));
endmodule
```

🔔注意：$finish 是 Verilog HDL 系统函数，用于退出仿真器，结束仿真过程。

2．SPI发送模块仿真验证

使用 Vivado 2019.1 软件仿真 SPI 发送模块的逻辑功能，SPI 发送模块的仿真波形如图 7.2 所示。通过仿真波形可以看出，SPI 输入的并行数据为 16'haa11，SPI 输出的串行数据为 16'b10101010001001，SPI 发送时序符合设计预期，验证了 SPI 发送模块逻辑功能的正确性。

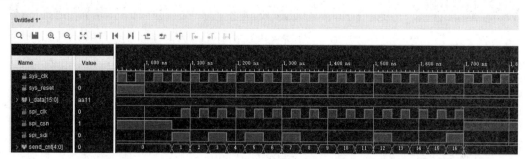

图 7.2　SPI 发送模块仿真波形

7.1.4　SPI 硬件调试

1．SPI硬件调试原理

SPI 发送模块硬件调试环境示意图如图 7.3 所示，其主要分为两个模块，分别是 SPI 数据源和 SPI 发送模块。首先，SPI 数据源将模拟用户数据发送给 SPI 发送模块，然后 SPI 发送模块接收 SPI 数据源发送的数据，最后 SPI 发送模块按照 SPI 工作时序把用户数据发送出去，如图 7.3 所示。

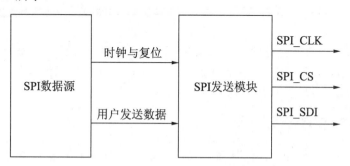

图 7.3　SPI 硬件环境示意

2．SPI硬件在线调试

使用 Vivado 2019.1 软件生成 SPI 发送模块 bit 文件，然后将该文件下载到 FPGA 开发板或者 FPGA 硬件板卡上。通过 Vivado 的 Hardwave Manager 可以看到 SPI 发送模块 Debug 信号的状态。SPI 发送模块调试波形如图 7.4 所示。从调试波形中可以看出，发送的并行数据为 16'h5a5a，发送的串行数据为 16'b0101101001011010，SPI 发送模块功能符合预期设计，验证了 SPI 发送模块逻辑设计的正确性。

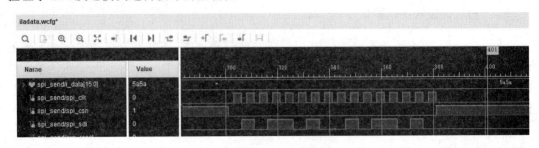

图 7.4　SPI 发送模块调试波形

7.2　UART 逻辑设计

UART（Universal Asynchronous Receiver/Transmitter，通用异步收发传输器）指既能同步又能异步通信的硬件电路。UART 是用于控制计算机与串行设备的芯片，它提供了 RS-232C 数据终端设备接口，这样计算机就可以和调制解调器或其他使用 RS-232C 接口的串行设备通信了。在嵌入式设计中，UART 不仅可以与 PC 通信，还可以与监控调试器和其他器件通信。

本节首先介绍 UART 总线通信原理及 UART 总线时序；其次利用硬件描述语言实现 UART 总线发送与接收单字节数据；最后使用 Vivado 软件仿真和 UART 总线的发送与接收功能，验证 UART 总线的发送与接收功能。

7.2.1　UART 总线概述

1．UART总线简介

UART 将要传输的数据在串行通信与并行通信之间进行转换，它是一种通用串行数据总线，用于异步通信。UART 总线是双向通信，可以实现全双工传输和接收数据。UART 的特性：两根线，全双工传输，异步通信，速度较慢。

2．UART通信原理

UART 作为异步串口通信协议中的一种，其工作原理是将传输数据的每个字符一位接一位地传输。

- ❑ 接收数据过程：接收数据时，在检测到一个有效的起始脉冲后，接收逻辑对接收到的位流执行串并转换。此外还会对溢出错误、奇偶校验错误、帧错误和线中止（Line-break）错误进行检测，并将检测到的状态附加到被写入发送 FIFO（存放发送数据的 FIFO 称为发送 FIFO）的数据中。
- ❑ 发送数据过程：发送数据时，数据被写入发送 FIFO。如果 UART 被使能，则会按照预先设置好的参数（波特率、数据位、停止位、校验位等）发送数据，一直到发送 FIFO 中没有数据为止。

3. UART总线时序

UART 传输时序如图 7.5 所示。

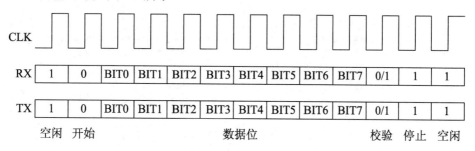

图 7.5　UART 传输时序

UART 数据通信的相关名词解释如下：

❑ 开始位：表示传输字符的开始，"0"代表开始。

❑ 数据位：表示传输数据，通常为 8 位数据，从最低位开始传送，靠时钟定位。

❑ 奇偶校验位：对数据中 1 的个数是奇数还是偶数进行奇偶校验，以此来校验数据传输的正确性。

❑ 停止位：是一个字符数据的结束标志。可以是 1 位、1.5 位或 2 位的高电平。

❑ 空闲位：处于逻辑"1"状态，表示当前线路上没有数据传送。

❑ 波特率：是衡量数据传输速率的指标，表示每秒钟传送的数据位的个数。例如，9600bps/s 表示 1s 可以传输 9600bit 的数据量。波特率对应的时钟分频系数等于时钟频率除以波特率。例如，系统时钟频率为 50MHz，通信波特率为 115200，$N=50\text{MHz}/115200\text{bps/s} =434$ 个时钟周期（时钟频率为 50MHz 的时钟周期是 20ns）。换句话说就是，利用 50MHz 系统时钟发送 1 比特数据需要 434 个时钟周期。

7.2.2　UART 实例设计

基于 FPGA 实现 UART 逻辑设计主要分为 3 个模块，分别为 UART 波特率模块、UART 接收模块和 UART 发送模块，如图 7.6 所示。

图 7.6　UART 逻辑设计

1. UART波特率模块设计

使用 Verilog HDL 编写 UART 波特率模块的程序如下：

```verilog
//时间尺度预编译指令
`timescale 1ns / 1ps
//模块名称为 uart_baud_rate
module uart_baud_rate(
input       sys_clk          ,      //系统时钟，频率为50MHz
input       sys_reset        ,      //系统复位，高电平有效
input [31:0] i_uart_bps      ,      //波特率设置
output reg  o_uart_clk       );     //波特率对应的时钟
wire [15:0] bps_max_count;          //波特率最大计数值
reg  [15:0] clk_count    ;          //波特率计数器
assign bps_max_count = 50_000_000/i_uart_bps;
//当计数器等于最大值时清零计数器
always @(posedge sys_clk)begin
  if(sys_reset)
    clk_count <= 'd0;
  else if(clk_count == bps_max_count)
    clk_count <= 'd0;
  else
    clk_count <= clk_count + 'd1;
end
//波特率对应的时钟输出
always @(posedge sys_clk)begin
  if(sys_reset)
    o_uart_clk <= 'd0;
  else if(clk_count == bps_max_count)  //满足波特率时钟取反
    o_uart_clk <= ~o_uart_clk;
  else
    o_uart_clk <= o_uart_clk;
end
endmodule
```

2. UART接收模块设计

使用 Verilog HDL 编写 UART 接收模块的程序如下：

```verilog
//时间尺度预编译指令
`timescale 1ns / 1ps
//模块名称为 uart_receive
module uart_receive(
input           sys_clk          ,   //UART 时钟，频率为 2.3MHz
input           sys_reset        ,   //系统复位，高电平有效
input           uart_rx          ,   //UART 接收管脚，数据位宽为 1bit
output reg[7:0] o_receive_data   ,   //用户接收数据
output reg      o_receive_data_en );  //用户接收数据有效
reg       receive_count_en =0 ;       //接收使能
reg  [3:0] receive_count    =0 ;       //接收计数器
//接收开始，拉高接收使能；接收结束，拉低接收使能
always @(posedge sys_clk)begin
  if(sys_reset)
    receive_count_en <= 'd0;
```

```verilog
    else if(receive_count == 'd8)
      receive_count_en <= 'd0;
    else if(!uart_rx)
      receive_count_en <= 'd1;
  end
//当接收使能为 1 时计数器计数；当为其他状态时清零计数器
always @(posedge sys_clk)begin
  if(sys_reset)
    receive_count <= 'd0;
  else if(receive_count_en)
    receive_count <= receive_count +'d1;
  else
    receive_count <= 'd0;
end
//串行并行转换，将 UART 串行数据转换为并行数据输出
always @(posedge sys_clk)begin
  if(sys_reset)
    o_receive_data <= 'd0;
  else if(receive_count_en)begin
    case(receive_count)
    'd0:o_receive_data[0] <= uart_rx;        //接收第 1bit
    'd1:o_receive_data[1] <= uart_rx;        //接收第 2bit
    'd2:o_receive_data[2] <= uart_rx;        //接收第 3bit
    'd3:o_receive_data[3] <= uart_rx;        //接收第 4bit
    'd4:o_receive_data[4] <= uart_rx;        //接收第 5bit
    'd5:o_receive_data[5] <= uart_rx;        //接收第 6bit
    'd6:o_receive_data[6] <= uart_rx;        //接收第 7bit
    'd7:o_receive_data[7] <= uart_rx;        //接收第 8bit
    endcase
  end
end
//当完成数据接收时，输出接收使能信号
always @(posedge sys_clk)begin
  if(sys_reset)
    o_receive_data_en <= 'd0;
  else if(receive_count_en)begin
    if(receive_count == 'd8)
      o_receive_data_en <= 'd1;
    else
      o_receive_data_en <= 'd0;
  end
  else
    o_receive_data_en <= 'd0;
end
endmodule
```

🔔注意：串口数据接收可以采用"串并转换"的方法，将 8 位串行数据转换为 8 位并行数据。

3．UART发送模块设计

使用 Verilog HDL 编写 UART 发送模块的程序如下：

```verilog
//时间尺度预编译指令
`timescale 1ns / 1ps
//模块名称为uart_send
module uart_send(
input       sys_clk           ,        //UART 时钟，频率为 2.3MHz
input       sys_reset          ,        //系统复位，高电平有效
input [7:0] i_send_data        ,        //用户发送数据
input       i_send_data_en     ,        //用户发送数据有效
output reg  uart_tx            ,        //UART 发送管脚，数据位宽为 1bit
output reg  uart_busy          );       //UART 发送忙，1 忙，0 闲

reg   [7:0] data_reg1          =0;      //发送并行数据
reg         send_enable        =0;      //发送使能
reg   [3:0] send_enable_cnt    =0;      //发送计数器
//将发送数据寄存到临时寄存器中
always @(posedge sys_clk)begin
  if(sys_reset)
    data_reg1 <= 'd0;
  else if(i_send_data_en)
    data_reg1 <= i_send_data;
end
//发送开始时拉高发送使能；发送结束时拉低发送使能
always @(posedge sys_clk)begin
  if(sys_reset)
    send_enable <= 'd0;
  else if(send_enable_cnt == 'd9)
    send_enable <= 'd0;
  else if(i_send_data_en)
    send_enable <= 'd1;
end
//当发送使能为 1 时计数器计数；当为其他状态时清零计数器
always @(posedge sys_clk)begin
  if(sys_reset)
    send_enable_cnt <= 'd0;
  else if(send_enable)
    send_enable_cnt <= send_enable_cnt + 'd1;
  else
    send_enable_cnt <= 'd0;
end
//并行串行转换，将用户并行数据转换为串行数据输出
always @(posedge sys_clk)begin
  if(sys_reset)
    uart_tx <= 'd1;
  else if(send_enable)begin
    case(send_enable_cnt)
        'd0:uart_tx <= 'd0           ;    //发送开始
        'd1:uart_tx <= data_reg1[0];      //发送第 1bit
        'd2:uart_tx <= data_reg1[1];      //发送第 2bit
        'd3:uart_tx <= data_reg1[2];      //发送第 3bit
        'd4:uart_tx <= data_reg1[3];      //发送第 4bit
        'd5:uart_tx <= data_reg1[4];      //发送第 5bit
        'd6:uart_tx <= data_reg1[5];      //发送第 6bit
        'd7:uart_tx <= data_reg1[6];      //发送第 7bit
        'd8:uart_tx <= data_reg1[7];      //发送第 8bit
```

```
          'd9:uart_tx <= 'd1          ;          //发送结束
       default:uart_tx <= 'd1;
     endcase
   end
 end

//当 UART 发数据时串口处于忙状态；当 UART 不发送数据时串口处于闲状态
always @( * )begin
  if(sys_reset)
    uart_busy = 'd0;
  else if(i_send_data_en == 1'b1)
    uart_busy = 'd1;
  else if(send_enable == 1'b1)
    uart_busy = 'd1;
  else if(send_enable_cnt == 'd10)
    uart_busy = 'd1;
  else
    uart_busy = 'd0;
end
endmodule
```

🔔注意：串口数据发送采用"并串转换"的方法，将 8 位并行数据转换为 8 位串行数据。

7.2.3　UART 实例验证

1．UART模块激励设计

使用 System Verilog 语言编写 UART 模块仿真激励程序如下：

```
//时间尺度预编译指令
`timescale 1ns / 1ps
//模块名称为 uart_tb
module uart_tb();
logic       o_uart_clk      ;          //用户时钟，波特率为 115200
int         sim_count    = 0;          //仿真计数器
logic [7:0] i_send_data  = 0;          //用户发送数据
logic       i_send_data_en= 0;         //用户发送数据有效
logic [7:0] o_receive_data  ;          //用户接收数据
logic       o_receive_data_en;         //用户接收数据有效
logic       uart_tx         ;          //UART 发送，1bit
logic       uart_busy       ;          //UART 发送忙信号
//产生 50MHz 时钟激励
bit sys_clk ;
initial begin
  sys_clk = 0;
  forever
  #10 sys_clk = !sys_clk;
end
//产生复位激励
bit  sys_reset;
initial begin
  sys_reset = 1;
  #1000
```

```verilog
    sys_reset = 0;
  end
//仿真计数器
always @(posedge o_uart_clk)begin
  if(sys_reset)
    sim_count <= 0;
  else
    sim_count <= sim_count + 1'b1;
end
//发送用户数据激励
always @(posedge o_uart_clk)begin
  if(sys_reset)begin
    i_send_data_en <= 'd0;
    i_send_data    <= 'd0;
  end
  else if(sim_count == 10)begin
    i_send_data_en <= 'd1;
    i_send_data    <= {$random}%100;          //随机数函数产生随机数
  end
  else begin
    i_send_data_en <= 'd0;
  end
end
//例化 uart_baud_rate 模块
uart_baud_rate uart_baud_rate(
  .sys_clk       (sys_clk         ),
  .sys_reset     (sys_reset       ),
  .i_uart_bps    ('d115200        ),          //波特率配置为 115200
  .o_uart_clk    (o_uart_clk      ));
//例化 uart_send 模块
uart_send uart_send(
  .sys_clk       (o_uart_clk      ),
  .sys_reset     (sys_reset       ),
  .i_send_data   (i_send_data     ),
  .i_send_data_en  (i_send_data_en  ),
  .uart_tx       (uart_tx         ),
  .uart_busy     (uart_busy       ));
//例化 uart_receive 模块
uart_receive uart_receive(
  .sys_clk       (o_uart_clk      ),
  .sys_reset     (sys_reset       ),
  .uart_rx       (uart_tx         ),
  .o_receive_data    (o_receive_data   ),
  .o_receive_data_en  (o_receive_data_en));
endmodule
```

注意：$random 是 Verilog HDL 系统函数，可以产生随机测试数据。

2. UART模块仿真验证

使用 Vivado 2019.1 仿真软件验证 UART 模块的逻辑功能，UART 发送模块仿真波形如图 7.7 所示，UART 接收模块仿真波形如图 7.8 所示。通过仿真波形可以看出，UART 发送模块发送的数据为 8'h5a，UART 接收模块接收的数据为 8'h5a，发送的数据与接收的数据相等，说明 UART 模块时序符合设计预期，验证了 UART 模块逻辑功能的正确性。

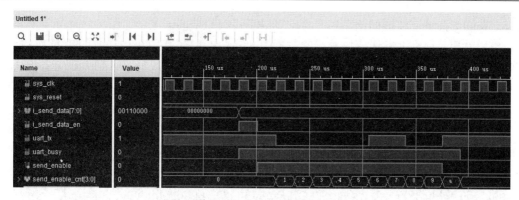

图 7.7 UART 模块发送数据仿真波形

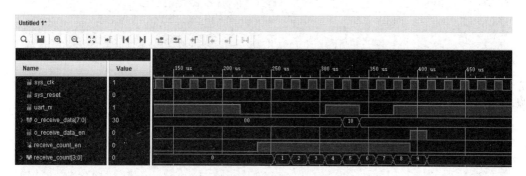

图 7.8 UART 模块接收数据仿真波形

7.2.4 UART 硬件调试

1. UART调试原理

UART 硬件调试采用回环验证法，UART 发送模块直接连接 UART 接收模块，如果发送数据 TX_DATA 与接收数据 RX_DATA 相等，则证明 UART 模块逻辑功能正确，如图 7.9 所示。

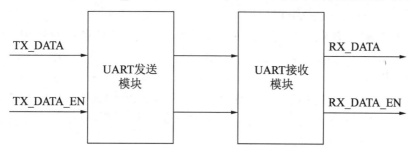

图 7.9 UART 硬件环境

2. UART硬件在线调试

使用 Vivado 2019.1 软件生成串口 bit 文件，然后将该文件下载到 FPGA 开发板或者 FPGA 硬件板卡上。通过 Vivado 的 Hardwave Manager 可以看到串口 Debug 信号的状态。

UART 发送数据调试波形如图 7.10 所示，UART 接收数据调试波形如图 7.11 所示。从调试波形可以看出，UART 发送模块发送的数据为 8'h5a，UART 接收模块接收的数据为 8'h5a，接收的数据和发送的数据相同，说明 UART 模块功能符合预期设计，验证了 UART 模块逻辑功能的正确性。

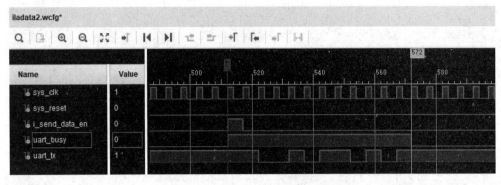

图 7.10　UART 模块发送数据调试波形

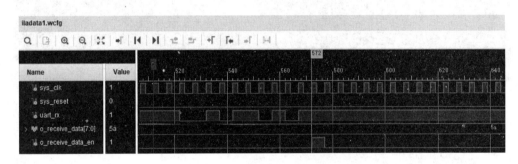

图 7.11　UART 模块接收数据调试波形

7.3　IIC 逻辑设计

IIC（Inter Intergrated Circuit）总线是一种用于连接 IC 器件的二线制总线。它通过两根线（SDA 串行数据线和 SCL 串行时钟线）在连到总线上的器件之间传送信息，根据地址识别每个器件（不管是微控制器、LCD 驱动器、存储器还是键盘接口），根据器件的功能发送或接收信息。

本节首先介绍 IIC 总线通信原理、IIC 总线时序；其次利用硬件描述语言实现 IIC 总线的发送功能，采用单字节写时序图；最后使用 Vivado 软件仿真和调试 IIC 总线发送功能，验证 IIC 总线的发送功能。

7.3.1　IIC 总线概述

1. IIC总线简介

IIC 总线是由 Philips 公司开发的一种简单、双向二线制同步串行总线。它只需要两根线即可在连接于总线上的器件之间传送信息。IIC 数据传输速率有标准模式（100kbps）、快速模式（400kbps）和高速模式（3.4Mbps）。

主器件用于启动总线传送数据，并产生时钟以开放传送的器件，此时任何被寻址的器件均被认为是从器件。在总线上，主和从、发和收的关系不是恒定的，取决于此时的数据传送方向。如果主机要发送数据给从器件，则主机先寻址从器件，然后主动发送数据至从器件，最后由主机终止数据传送。如果主机要接收从器件的数据，首先由主器件寻址从器件，然后主机接收从器件发送的数据，最后由主机终止接收过程。在这种情况下，主机负责产生定时时钟并终止数据传送。

2．IIC通信原理

一般情况下，一个标准的 IIC 通信由四部分组成，分别是开始信号、从机地址传输、数据传输和停止信号。

主机发送一个开始信号，启动一次 IIC 通信，在主机对从机寻址后，再在总线上传输数据。IIC 总线上传送的每一个字节均为 8 位，首先发送的数据位为最高位，每传送一个字节后都必须跟随一个应答位，每次通信的数据字节数是没有限制的，在全部数据传送结束后，由主机发送停止信号，结束通信。

发送到 SDA 线上的每个字节必须为 8 位，每次传输可以发送的字节数量不受限制。每个字节后必须跟一个响应位。首先传输的是数据的最高位（MSB），如果从机需要完成其他功能后（如一个内部中断服务程序）才能接收或发送下一个完整的数据字节，则可以使时钟线 SCL 保持低电平，迫使主机进入等待状态，在从机准备接收下一个数据字节并释放时钟线 SCL 后继续传输数据。

3．IIC总线时序

IIC 数据传输时序分为两种，分别为写时序和读时序。写时序包括字节写和页写，如图 7.12 和图 7.13 所示。

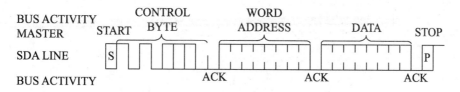

图 7.12　IIC 字节写时序

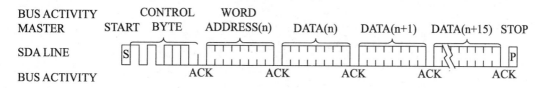

图 7.13　IIC 页写时序

读时序包括字节读和页读，如图 7.14 和图 7.15 所示。

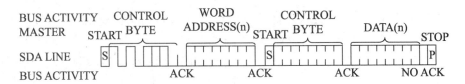

图 7.14　IIC 字节读时序

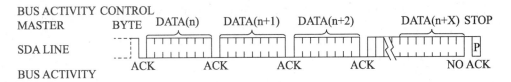

图 7.15　IIC 页读序

IIC 数据通信相关名词解释如下：

❑ 空闲状态：当 IIC 总线的 SDA 和 SCL 两条信号线同时处于高电平时，规定为总线的空闲状态。

❑ 开始信号：在时钟线 SCL 保持高电平期间，当数据线 SDA 上的电平被拉低（即负跳变）时，定义为 IIC 总线的起始信号，它标志着一次数据传输的开始，如图 7.16 所示。

❑ 停止信号：在时钟线 SCL 保持高电平期间，当数据线 SDA 被释放，使得 SDA 返回高电平（即正跳变）时，称为 IIC 总线的停止信号，它标志着一次数据传输的终止，如图 7.16 所示。

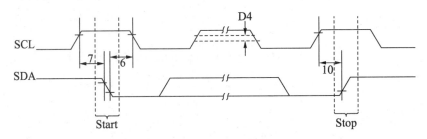

图 7.16　IIC 开始与停止时序

❑ 数据信号：在 IIC 总线上传送的每一位数据都有一个时钟脉冲与其相对应（或同步控制），即在 SCL 串行时钟的配合下，数据在 SDA 上从高位向低位依次串行传送每一位数据，如图 7.17 所示。

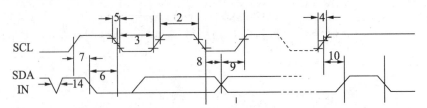

图 7.17　IIC 数据传输时序

❑ 应答信号：IIC 总线上的所有数据都是以 8 位字节传送的，发送器（主机）每发送一个字节，就在第 9 个时钟脉冲期间释放数据线，由接收器（从机）反馈一个应答信号。当应答信号为低电平时，规定为有效应答位（ACK），表示接收器成功地接收了该字节；当应答信号为高电平时，规定为非应答位（NACK），表示接收器没有成功接收该字节，如图 7.18 所示。

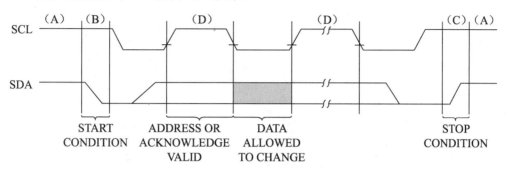

图 7.18　IIC 应答时序

7.3.2　IIC 实例设计

本节实现一个 IIC 发送模块，使用 Verilog HDL 编写 IIC 发送模块的程序如下：

```verilog
//时间尺度预编译指令
`timescale 1ns / 1ps
//模块名称为 iic_send
module iic_send(
input        sys_clk           ,      //系统时钟，频率为200kHz
input        sys_reset         ,      //系统复位，高电平有效
input        iic_send_en       ,      //用户写使能
input [6:0]  iic_device_addr   ,      //从设备器件地址
input [7:0]  iic_send_addr     ,      //用户寄存器地址
input [7:0]  iic_send_data     ,      //用户寄存器数据
output       iic_scl           ,      //IIC时钟，200kHz
inout        iic_sda           );     //IIC数据
parameter    idle              = 8'h01;    //空状态
parameter    send_device_state = 8'h02;    //发送器件地址状态
parameter    send_addr_state   = 8'h04;    //发送用户地址状态
parameter    send_data_state   = 8'h08;    //发送用户数据状态
parameter    send_end_state    = 8'h10;    //发送结束状态
parameter    send_ack1_state   = 8'h20;    //发送器件地址应答状态
parameter    send_ack2_state   = 8'h40;    //发送用户地址应答状态
parameter    send_ack3_state   = 8'h80;    //发送用户数据应答状态
reg [7:0]    iic_cstate        ;      //当前状态
reg [7:0]    iic_nstate        ;      //下一个状态
reg [3:0]    send_device_cnt   ;      //发送器件地址状态计数器
reg [3:0]    send_addr_cnt     ;      //发送用户地址状态计数器
reg [3:0]    send_data_cnt     ;      //发送数据地址状态计数器
reg          iic_ack_en        ;      //应答信号使能
wire         iic_ack           ;      //应答信号
reg          sda_reg           ;      //IIC时钟
```

```verilog
reg         scl_reg                   ;          //IIC 数据
//assign iic_ack = iic_sda            ;          //实际
assign iic_ack = 1'b0                 ;          //仿真
//当前状态跳转
always @(posedge sys_clk)begin
  if(sys_reset)
    iic_cstate <= idle;
  else
    iic_cstate <= iic_nstate;
end
//下一个状态跳转
always @(*)begin
  //状态机初始化
  iic_nstate = idle;
  case(iic_cstate)
  idle:begin
    //用户写数据使能，跳转到发送器件地址状态
    if(iic_send_en)
      iic_nstate = send_device_state;
    else
      iic_nstate = idle;
  end
  send_device_state:begin
    //器件地址发送完成，跳转到器件地址应答状态
    if(send_device_cnt == 'd8)
      iic_nstate = send_ack1_state;
    else
      iic_nstate = send_device_state;
  end
  send_addr_state:begin
    //用户地址发送完成，跳转到用户地址应答状态
    if(send_addr_cnt == 'd8)
      iic_nstate = send_ack2_state;
    else
      iic_nstate = send_addr_state;
  end
  send_data_state:begin
    //用户数据发送完成，跳转到用户数据应答状态
    if(send_data_cnt == 'd8)
      iic_nstate = send_ack3_state;
    else
      iic_nstate = send_data_state;
  end
  send_ack1_state:begin
    if(!iic_ack)                               //应答响应
      iic_nstate = send_addr_state;
    else
      iic_nstate = send_ack1_state;
  end
  send_ack2_state:begin
    if(!iic_ack)                               //应答响应
      iic_nstate = send_data_state;
    else
      iic_nstate = send_ack2_state;
  end
  send_ack3_state:begin
    if(!iic_ack)                               //应答响应
      iic_nstate = send_end_state;
    else
```

```
      iic_nstate = send_ack3_state;
    end
    send_end_state:begin
      iic_nstate = idle;                         //写数据结束
    end
    default:begin
      //防止状态机跳转到未定义状态，重新回到空状态
      iic_nstate = idle;
    end
    endcase
end
//当状态机处于发送器件地址状态时计数器开始计数；当状态机为其他状态时计数器清零
always @(posedge sys_clk)begin
  if(sys_reset)
    send_device_cnt <= 'd0;
  else if(iic_cstate == send_device_state)
    send_device_cnt <= send_device_cnt + 'd1;
  else
    send_device_cnt <= 'd0;
end
//当状态机为发送用户地址状态时，计数器开始计数；当状态机为其他状态时计数器清零
always @(posedge sys_clk)begin
  if(sys_reset)
    send_addr_cnt <= 'd0;
  else if(iic_cstate == send_addr_state)
    send_addr_cnt <= send_addr_cnt + 'd1;
  else
    send_addr_cnt <= 'd0;
end
//当状态机为发送用户数据状态时，计数器开始计数；当状态机为其他状态时计数器清零
always @(posedge sys_clk)begin
  if(sys_reset)
    send_data_cnt <= 'd0;
  else if(iic_cstate == send_data_state)
    send_data_cnt <= send_data_cnt + 'd1;
  else
    send_data_cnt <= 'd0;
end
always @(posedge sys_clk)begin
  if(sys_reset)
    iic_ack_en <= 'd0;
  else if(iic_cstate == send_device_state)begin
    if(send_device_cnt == 'd8)          //器件地址发送完成，等待应答
      iic_ack_en <= 'd1;
    else
      iic_ack_en <= 'd0;
  end
  else if(iic_cstate == send_addr_state)begin
    if(send_addr_cnt == 'd8)            //用户地址发送完成，等待应答
      iic_ack_en <= 'd1;
    else
      iic_ack_en <= 'd0;
  end
  else if(iic_cstate == send_data_state)begin
    if(send_data_cnt == 'd8)            //用户数据发送完成，等待应答
      iic_ack_en <= 'd1;
    else
      iic_ack_en <= 'd0;
  end
  else
```

```verilog
    iic_ack_en <= 'd0;
  end
//输出 IIC 数据
always @(posedge sys_clk)begin
  if(sys_reset)
    sda_reg <= 'd1;
  else if(iic_cstate == idle && iic_nstate == send_device_state)
    sda_reg <= 'd0;              //IIC 开始时序
  else if(iic_cstate == send_device_state)begin
    case(send_device_cnt)        //发送器件地址，先发送高比特位，再发送低比特位
      'd0:sda_reg <= iic_device_addr[6];
      'd1:sda_reg <= iic_device_addr[5];
      'd2:sda_reg <= iic_device_addr[4];
      'd3:sda_reg <= iic_device_addr[3];
      'd4:sda_reg <= iic_device_addr[2];
      'd5:sda_reg <= iic_device_addr[1];
      'd6:sda_reg <= iic_device_addr[0];
      'd7:sda_reg <= 'd0           ;              //0 代表写操作
    endcase
  end
  else if(iic_cstate == send_addr_state)begin
    case(send_addr_cnt)          //发送用户地址，先发送高比特位，再发送低比特位
      'd0:sda_reg <= iic_send_addr[7];
      'd1:sda_reg <= iic_send_addr[6];
      'd2:sda_reg <= iic_send_addr[5];
      'd3:sda_reg <= iic_send_addr[4];
      'd4:sda_reg <= iic_send_addr[3];
      'd5:sda_reg <= iic_send_addr[2];
      'd6:sda_reg <= iic_send_addr[1];
      'd7:sda_reg <= iic_send_addr[0];
    endcase
  end
  else if(iic_cstate == send_data_state)begin
    case(send_data_cnt)          //发送用户数据，先发送高比特位，再发送低比特位
      'd0:sda_reg <= iic_send_data[7];
      'd1:sda_reg <= iic_send_data[6];
      'd2:sda_reg <= iic_send_data[5];
      'd3:sda_reg <= iic_send_data[4];
      'd4:sda_reg <= iic_send_data[3];
      'd5:sda_reg <= iic_send_data[2];
      'd6:sda_reg <= iic_send_data[1];
      'd7:sda_reg <= iic_send_data[0];
    endcase
  end
  else if(iic_cstate == send_end_state)
    sda_reg <= 'd1;
end
//输出 IIC 时钟
always @(*)begin
  scl_reg = 1'b1;
  //当发送器件地址时，输出 IIC 时钟
  if(iic_cstate == send_device_state)
    scl_reg = sys_clk;
  //当发送用户地址时，输出 IIC 时钟
  else if(iic_cstate == send_addr_state)begin
    if(send_addr_cnt == 'd0)
      scl_reg = 1'b1;
    else
      scl_reg = sys_clk;
  end
```

```
  //当发送用户数据时，输出 IIC 时钟
  else if(iic_cstate == send_data_state)begin
    if(send_data_cnt == 'd0)
      scl_reg = 1'b1;
    else
      scl_reg = sys_clk;
  end
  else
    scl_reg = 1'b1;
end
assign iic_scl = scl_reg;
assign iic_sda = (iic_ack_en)?1'bz:sda_reg;
endmodule
```

🗩注意：iic_send 模块使用状态机实现 IIC 发送时序，并采用三段式状态机写法。对于 inout
　　　类型接口的使用，输入使能时，该接口输出高阻态（打开输入开关），输出使能
　　　时，该接口输出有效数据。

7.3.3　IIC 仿真验证

1. IIC发送模块激励设计

使用 System Verilog 语言编写 IIC 模块仿真激励程序如下：

```
//时间尺度预编译指令
`timescale 1ns / 1ps
//模块名称为 iic_send_tb
module iic_send_tb();
logic iic_send_scl;                    //IIC 时钟
wire iic_send_sda;                     //IIC 数据
//产生时钟激励
bit sys_clk;
initial begin
  sys_clk = 0;
  forever
  #10 sys_clk = !sys_clk;
end
//产生复位激励
bit sys_reset;
initial begin
  sys_reset = 1;
  #1000
  sys_reset = 0;
end
//例化 iic_send 模块
iic_send iic_send(
  .sys_clk         (sys_clk         ),
  .sys_reset       (sys_reset       ),
  .iic_send_en     (1'b1            ),
  .iic_device_addr (7'b1010_111     ),
  .iic_send_addr   (8'h01           ),
  .iic_send_data   (8'haa           ),
  .iic_scl         (iic_send_scl    ),
  .iic_sda         (iic_send_sda    ));

endmodule
```

⌂注意：在 System Verilog 中，inout 接口需要定义为 wire 型。

2．IIC发送模块仿真波形

使用 Vivado 2019.1 软件仿真 IIC 发送模块，IIC 发送模块仿真波形如图 7.19 所示。通过仿真波形可以看出，先发送器件地址为 7'h1010111，接着发送"0"代表写操作，再发送寄存器地址 8'h01，最后发送寄存器数据 8'haa，说明 IIC 发送模块发送时序符合设计预期，验证了 IIC 发送模块的正确性。

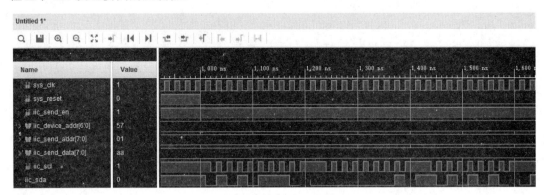

图 7.19　IIC 发送模块仿真波形

7.3.4　IIC 硬件调试

1．IIC调试原理

IIC 发送模块硬件调试环境如图 7.20 所示，IIC 数据源模拟主机发送用户数据到 IIC 发送模块，IIC 发送模块接收 IIC 数据源发送的用户数据，然后按照工作时序把数据发送出去。

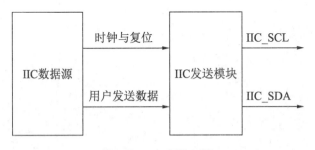

图 7.20　IIC 硬件环境

2．IIC硬件在线调试

使用 Vivado 2019.1 软件生成 IIC 发送模块 bit 文件，然后将该文件下载到 FPGA 开发板或者 FPGA 硬件板卡上。通过 Vivado 的 Hardwave Manager 可以看到 IIC 发送模块 Debug 信号的状态。IIC 发送模块在线调试波形如图 7.21 所示。

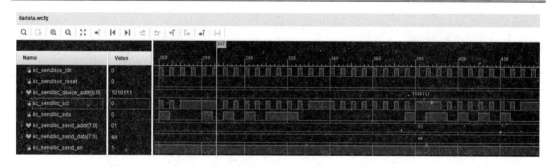

图 7.21　IIC 发送模块在线调试波形

从调试波形可以看出，发送器件地址为 7'h57，发送写命令为 1'b1，发送寄存器地址为
8'h01，发送写命令为 8'haa，IIC 发送模块功能符合预期设计，验证了 IIC 发送模块逻辑功
能的正确性。

7.4　CAN 逻辑设计

CAN（Controller Area Network，控制器局域网络）已经形成国际标准，并被公认为是
很有前途的现场总线之一。CAN 总线的数据通信具有较高的可靠性、实时性和灵活性。
由于其良好的性能及独特的设计，越来越受到人们的重视。CAN 在汽车领域的应用是
最广泛的。

本节首先介绍 CAN 总线的通信原理、CAN 总线时序，其次利用硬件描述语言实现 CAN
总线的读写功能，最后使用 Vivado 软件仿真和调试 CAN 总线读写功能，验证 CAN 总线
读写功能的正确性。

7.4.1　CAN 总线概述

1. CAN总线简介

CAN 是由以研发和生产汽车电子产品著称的德国 BOSCH 公司开发的，并最终成为国
际标准（ISO 11898），是国际上应用最广泛的现场总线之一。

CAN 是 ISO 国际标准化的串行通信协议。在汽车产业中，出于对安全性、舒适性、方
便性、低功耗和低成本的要求，开发了各种电子控制系统。由于这些系统之间通信所用的
数据类型及对可靠性的要求不尽相同，由多条总线构成的情况很多，线束的数量也随之增
加。为适应"减少线束的数量""通过多个 LAN，进行大量数据的高速通信"的需要，1986
年，德国电气商博世公司开发出了面向汽车网络的 CAN 通信协议。此后，CAN 通过 ISO
11898 及 ISO 11519 进行了标准化，在欧洲已成为汽车网络的标准协议。

由于 CAN 成本低、容错能力强、支持分布式控制和通信速率高等优点，所以在汽车、
工业控制和航天等领域得到了广泛应用。特别是 CAN 总线具有抗干扰性强、高数据传输
率及低成本等优点，在小卫星和微小卫星领域得到了越来越广泛的应用。

2．CAN通信原理

当 CAN 总线上的一个节点（站）发送数据时，它将以报文的形式广播给网络中的所有节点，对每个节点来说，无论数据是不是发给自己的，都会接收。

每组报文开头的 11 位字符即为标识符，其定义了报文的优先级，这种报文格式成为面向内容的编制方案。同一系统中的标识符是唯一的，不可能有两个节点发送具有相同标识符的报文，当几个节点同时竞争总线读取数据时，这种配置十分重要。

3．CAN总线时序

SJA1000 芯片为 CAN 控制器，CAN 时序分为两种模式，分别为 Intel 模式和 Motorola 模式。Intel 模式下的 CAN 读写时序如图 7.22 和图 7.23 所示。

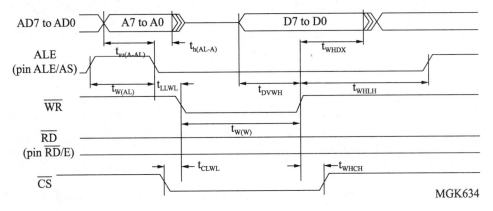

图 7.22　Intel 模式下的 CAN 写时序

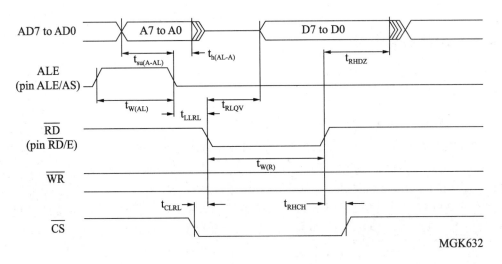

图 7.23　Intel 模式下的 CAN 读时序

Motorola 模式下的 CAN 读写时序如图 7.24 和图 7.25 所示。

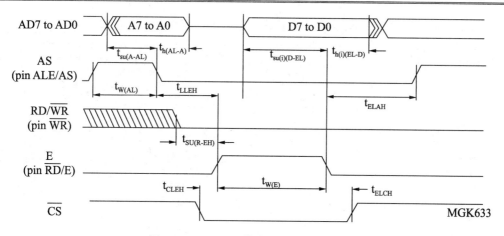

图 7.24 Motorola 模式下的 CAN 写时序

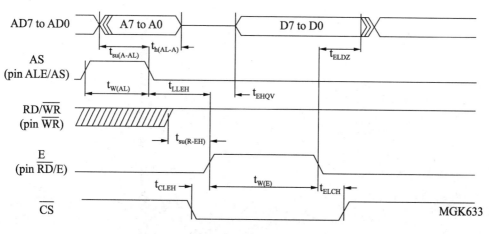

图 7.25 Motorola 模式下的 CAN 读时序

CAN 接口管脚说明如下:

❑ AD:地址数据复用端口,高低有效。

❑ ALE:地址锁存端口,高有效。

❑ WR:数据写使能端口,低有效。

❑ RD:数据读使能端口,高有效。

❑ CS:片选端口,高有效。

在 Intel 模式下读写 SJA1000 时,地址和数据是分时传送的,地址在前,数据在后。当 ALE 为低电平时,AD 端口代表数据总线。

🔔注意:只有当 RD 为低电平或 WR 为低电平时 AD 端口数据才有效,其他情况下 AD 端口数据无效。

7.4.2 CAN 实例设计

本节实现一个 CAN 控制器读写模块,该模块工作在 Intel 模式下,FPGA 作为主设备控制 CAN 控制器（SJA1000 芯片）。使用 Verilog HDL 编写 CAN 读写模块的程序如下：

```verilog
//时间尺度预编译指令
`timescale 1ns / 1ps
//模块名称为 can_send
module can_send(
input           sys_clk         ,      //系统时钟，频率为 5MHz
input           sys_reset       ,      //系统复位，高电平有效
input    [1:0] i_can_wr_sel     ,      //用户读写命令，01 为写，10 为读
input    [7:0] i_can_wr_addr    ,      //用户读写地址
input    [7:0] i_can_data       ,      //用户写数据
input          i_can_data_valid,       //用户写数据
output reg[7:0] o_can_addr       ,      //用户读地址
output reg[7:0] o_can_data       ,      //用户读数据
output reg      o_can_data_valid,       //用户读数据有效
output reg      can_ale         ,      //CAN 接口锁存
output reg      can_cs          ,      //CAN 接口片选
output reg      can_rd          ,      //CAN 接口读使能
output reg      can_wr          ,      //CAN 接口写使能
inout wire [7:0]can_ad          );      //CAN 接口数据
parameter  can_idle        = 8'h01;    //空状态
parameter  can_write_state = 8'h02;    //写数据状态
parameter  can_read_state  = 8'h04;    //读数据状态
parameter  can_end_state   = 8'h08;    //结束状态
reg  [7:0]  can_cstate      ;          //当前状态
reg  [7:0]  can_nstate      ;          //下一个状态
reg  [7:0]  write_cnt       ;          //写计数器
reg  [7:0]  read_cnt        ;          //读计数器
wire [7:0]  can_ad_rx       ;          //读数据变量
reg  [7:0]  can_ad_reg1     ;          //写数据变量

//当前状态跳转
always @(posedge sys_clk)begin
  if(sys_reset)
    can_cstate <= can_idle;
  else
    can_cstate <= can_nstate;
end
//下一个状态跳转
always @( * )begin
  can_nstate = can_idle;
  case(can_cstate)
    can_idle:begin
      if(i_can_data_valid)begin
        //写使能，跳转到写状态
        if(i_can_wr_sel == 2'b01)
          can_nstate = can_write_state;
        //读使能，跳转到读状态
        else if(i_can_wr_sel == 2'b10)
          can_nstate = can_read_state;
        else
          can_nstate = can_idle;
      end
      else
        can_nstate = can_idle;
    end
    can_write_state:begin
```

```verilog
        //写数据完成，跳转到结束状态
        if(write_cnt == 'd5)
          can_nstate = can_end_state;
        else
          can_nstate = can_write_state;
      end
    can_read_state:begin
      //读数据完成，跳转到结束状态
      if(read_cnt == 'd5)
        can_nstate = can_end_state;
      else
        can_nstate = can_read_state;
      end
    can_end_state:begin
      //无条件跳转到空状态
      can_nstate = can_idle;
      end
    default:begin
      //无条件跳转到空状态
      can_nstate = can_idle;
      end
  endcase
end
//当为写数据状态时写计数器开始计数，当为其他状态时写计数器清零
always @(posedge sys_clk)begin
  if(sys_reset)
    write_cnt <= 'd0;
  else if(can_cstate == can_write_state)begin
    write_cnt <= write_cnt + 'd1;;
  end
  else
    write_cnt <= 'd0;
end
//当为读数据状态时读计数器开始计数，当为其他状态时读计数器清零
always @(posedge sys_clk)begin
  if(sys_reset)
    read_cnt <= 'd0;
  else if(can_cstate == can_read_state)
    read_cnt <=  read_cnt + 'd1;
  else
    read_cnt <= 'd0;
end
//CAN 接口输出时序控制
always @(posedge sys_clk)begin
  if(sys_reset)begin
    can_ale     <= 'd0;
    can_cs      <= 'd1;
    can_rd      <= 'd1;
    can_wr      <= 'd1;
    can_ad_reg1 <= 'd0;
  end
  //写数据控制 CAN 接口为写时序
  else if(can_cstate == can_write_state)begin
    case(write_cnt)
    'd0:begin
      can_ale     <= 'd1;
      can_ad_reg1 <= i_can_wr_addr;
    end
    'd1:begin
      can_ale     <= 'd1;
```

```
      end
      'd2:begin
        can_ale    <= 'd0;
        can_cs     <= 'd0;
      end
      'd3:begin
        can_wr     <= 'd0;
        can_ad_reg1 <= i_can_data;
      end
      'd4:begin
        can_wr     <= 'd1;
      end
      'd5:begin
        can_cs     <= 'd1;
      end
      endcase
    end
//读数据控制 CAN 接口为读时序
    else if(can_cstate == can_read_state)begin
      case(read_cnt)
      'd0:begin
        can_ale    <= 'd1;
        can_ad_reg1 <= i_can_wr_addr;
      end
      'd1:begin
        can_ale    <= 'd1;
      end
      'd2:begin
        can_ale    <= 'd0;
        can_cs     <= 'd0;
      end
      'd3:begin
        can_rd     <= 'd0;
        can_ad_reg1 <= 'dz;
      end
      'd4:begin
        can_rd     <= 'd1;
        can_ad_reg1 <= 'dz;
      end
      'd5:begin
        can_cs     <= 'd1;
        can_ad_reg1 <= 'd0;
      end
      endcase
    end
    else begin
      can_ale    <= 'd0;
      can_cs     <= 'd1;
      can_rd     <= 'd1;
      can_wr     <= 'd1;
      can_ad_reg1 <= 'd0;
    end
  end
assign  can_ad_rx = (read_cnt == 'd4)?8'h5a:8'h00;        //仿真使用
//assign  can_ad_rx = (read_cnt == 'd4)?can_ad:8'h00;      //实际使用
//当写数据时输出写入的数据,读数据时输出高阻态
assign  can_ad  = (read_cnt == 'd4)? 'dz:can_ad_reg1;
//读数据延迟一个时钟周期输出
always @(posedge sys_clk)begin
  if(sys_reset)begin
```

```
        o_can_addr        <= 'd0;
        o_can_data        <= 'd0;
        o_can_data_valid <= 'd0;
      end
    else if(can_cstate == can_read_state)begin
      if(read_cnt == 'd4)begin
        o_can_addr        <= i_can_wr_addr;
        o_can_data        <= can_ad_rx;
        o_can_data_valid <= 'd1;
      end
      else begin
        o_can_addr        <= o_can_addr;
        o_can_data        <= o_can_data;
        o_can_data_valid <= 'd0;
      end
    end
  end
end
endmodule
```

注意：本节实现的模块采用有限状态，主要分为写数据状态和读数据状态，先写数据再读数据，如果读写数据一致，则证明 CAN 接口时序控制正确。

7.4.3　CAN 逻辑验证

1. CAN读写模块激励设计

使用 System Verilog 语言编写 CAN 读写模块仿真激励程序如下：

```
//时间尺度预编译指令
`timescale 1ns / 1ps
//模块名称为 can_send_tb
module can_send_tb();
logic [7:0] o_can_addr        ;        //用户读数据地址
logic [7:0] o_can_data        ;        //用户读数据
logic       o_can_data_valid;        //用户读数据有效
logic       can_ale           ;        //CAN 接口
logic       can_cs            ;        //CAN 接口
logic       can_rd            ;        //CAN 接口
logic       can_wr            ;        //CAN 接口
wire [7:0]  can_ad            ;        //CAN 接口
//产生时钟激励
bit sys_clk;
initial begin
  sys_clk = 0;
  forever
  #100 sys_clk = !sys_clk;
end
//产生复位激励
bit sys_reset;
initial begin
  sys_reset = 1;
  #1000
  sys_reset = 0;
end
//仿真计数器
```

```verilog
byte  sim_count;
always @(posedge sys_clk)begin
  if(sys_reset)
    sim_count <= 'd0;
  else if(sim_count == 'd200)
    sim_count <= 'd200;
  else
    sim_count <= sim_count + 'd1;
end

//产生 CAN 读写命令
logic  [1:0] i_can_wr_sel    = 2'b00;
logic        i_can_data_valid = 0   ;
always @(posedge sys_clk)begin
  if(sys_reset)begin
    i_can_wr_sel     <= 2'b00;
    i_can_data_valid <= 'd0;
  end
  else if(sim_count == 'd50)begin              //写指令
    i_can_wr_sel     <= 2'b01;
    i_can_data_valid <= 'd1;
  end
  else if(sim_count == 'd100)begin             //读指令
    i_can_wr_sel     <= 2'b10;
    i_can_data_valid <= 'd1;
  end
  else begin
    i_can_wr_sel     <= i_can_wr_sel;
    i_can_data_valid <= 'd0;
  end
end
//例化 can_send 模块
can_send can_send(
  .sys_clk         (sys_clk          ),
  .sys_reset       (sys_reset        ),
  .i_can_wr_sel    (i_can_wr_sel     ),
  .i_can_wr_addr   (8'h01            ),
  .i_can_data      (8'h5a            ),
  .i_can_data_valid(i_can_data_valid),
  .o_can_addr      (o_can_addr       ),
  .o_can_data      (o_can_data       ),
  .o_can_data_valid(o_can_data_valid),
  .can_ale         (can_ale          ),
  .can_cs          (can_cs           ),
  .can_rd          (can_rd           ),
  .can_wr          (can_wr           ),
  .can_ad          (can_ad           ));
endmodule
```

注意：进行 CAN 接口模块仿真时，需要对所有的输入变量初始化，否则，仿真波形会出现红线，红线类似亚稳态，会一级一级传递。

2. CAN读写模块仿真波形

使用 Vivado 2019.1 软件仿真 CAN 读写模块，CAN 读写模块仿真波形如图 7.26 和图 7.27 所示。通过仿真波形可以看出，写操作时，写地址为 8'h01，写数据为 8'h5a；读操作时，读地址为 8'h01，读数据为 8'h5a。CAN 读写模块发送时序符合设计预期，验证了 CAN

读写模块的正确性。

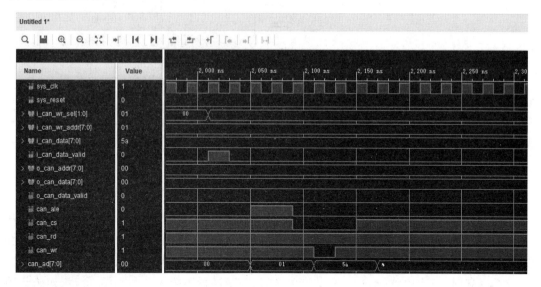

图 7.26 CAN 模块写操作仿真波形

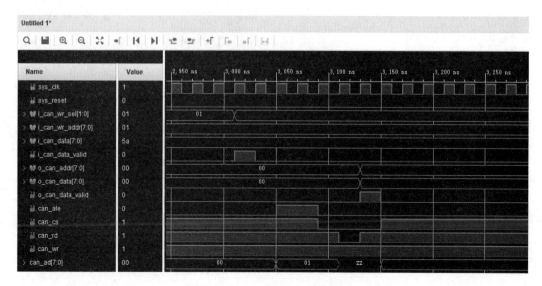

图 7.27 CAN 模块读操作仿真波形

7.4.4 CAN 硬件调试

1. CAN调试原理

CAN 读写模块功能调试环境如图 7.28 所示。CAN 数据源模拟用户发送数据到 CAN 读写模块，CAN 读写模块接收用户发送的数据，然后 CAN 读写模块按照 CAN 工作时序读写数据。

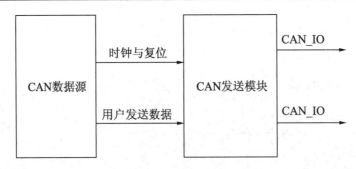

图 7.28　CAN 硬件环境

2. CAN硬件在线调试

使用 Vivado 2019.1 软件生成 CAN 读写模块 bit 文件，然后将该文件下载到 FPGA 开发板或者 FPGA 硬件板卡上。通过 Vivado 的 Hardwave Manager 可以看到 CAN 读写模块 Debug 信号的状态。CAN 读写模块写数据调试波形如图 7.29 所示。从调试波形可以看出，CAN 写操作时，写地址为 8'h01，写数据为 8'h5a。CAN 读写模块读数据调试波形如图 7.30 所示，CAN 读操作时，从调试波形可以看出读地址为 8'h01，读数据为 8'h5a，对于同一个地址来说写数据与读数据相等，证明 CAN 读写模块功能符合预期设计，验证了 CAN 读写模块逻辑功能的正确性。

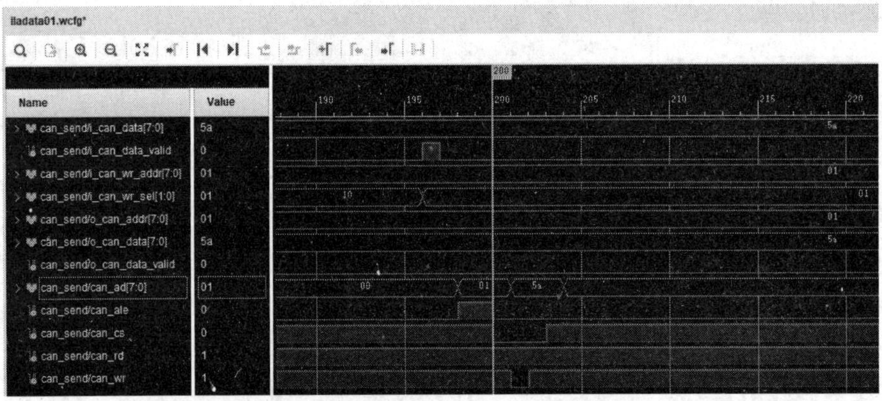

图 7.29　CAN 读写模块写数据调试波形

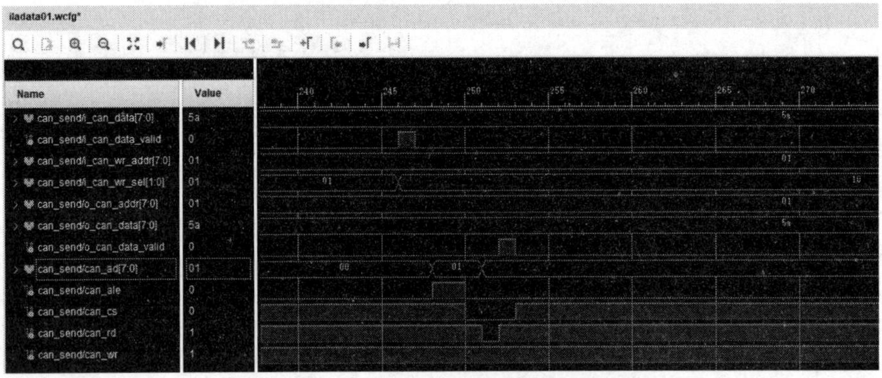

图 7.30　CAN 读写模块读数据调试波形

7.5　本 章 习 题

1．SPI 总线的通信原理是什么？
2．UART 总线的通信原理是什么？
3．IIC 总线的通信原理是什么？
4．CAN 总线的通信原理是什么？

第 8 章　FPGA 高速接口设计

本章将介绍 DDR3 高速接口和 PCIE 接口的设计方法，以及利用 Vivado 开发软件定制 DDR3 IP 核和 PCIE IP 核的方法，并且提供 DDR3 和 PCIE 部分设计代码和仿真代码，让读者轻松掌握使用 FPGA 读写时序的控制方法，以快速基于项目设计 DDR3 接口和 PCIE 接口，最后使用 System Verilog 语言进行逻辑设计，让读者轻松掌握使用 System Verilog 描述数字电路的方法。

本章的主要内容如下：

❑ RAM 的类型和常用的 DRAM 介绍。
❑ DDR3 IP 核的基本结构介绍。
❑ DDR3 IP 核的定制流程介绍。
❑ PCIE 的体系结构介绍。
❑ PCIE IP 核的基本结构介绍。
❑ ILA IP 核的定制流程介绍。

8.1　DDR3 接口设计

随着 FPGA 技术的不断发展，高速实时数字信号处理已经成为 FPGA 的一个重要研究课题，高速的采样频率带来的是大容量的存储数据。在存储芯片领域，DDR3 以较低的功耗、较快的存储速度、较高的存储容量和较低的价格迅速占领市场。因此，在 FPGA 中使用 DDR3 进行大容量数据存储是一种趋势。

本节首先介绍 DDR 存储器类型及存储器在 FPGA 设计中的应用，让读者对存储器有一个初步了解；其次介绍 Xilinx FPGA 厂商的 DDR3 IP 核结构和 DDR3 IP 核控制时序图，让初学者了解 DDR IP 核结构和 DDR IP 核用户读写时序；最后从 FPGA 工程角度出发，依次介绍 DDR 逻辑设计、DDR 功能仿真和 DDR 硬件调试的方法。通过本节的学习，读者可以快速掌握 DDR 存储接口设计的基本流程和方法。

8.1.1　存储器简介

1. 存储器简介

RAM（Random Access Memory，随机存储器）也叫主存，是与 CPU 直接交换数据的内部存储器。它可以随时读写（刷新时除外），而且速度很快，通常作为操作系统或其他正在运行的程序的临时数据存储介质。RAM 分为 SRAM 和 DRAM。

❑ SRAM：静态随机存取存储器（Static Random-Access Memory，SRAM）是随机存取存储器的一种。所谓的静态，是指这种存储器只要保持通电，里面储存的数据就可以恒常保持。

❑ DRAM：动态随机存取存储器（Dynamic Random Access Memory，DRAM）是一种半导体存储器，其原理是利用电容内存储电荷的多少来代表一个二进制比特（bit）是 1 还是 0。常用的 DRAM 有 SDRAM、DDR SDRAM、DDR2 SDRAM、DDR3 SDRAM 和 DDR4 SDRAM。

1）SDRAM

同步动态随机存取内存（Synchronous Dynamic Random-Access Memory，SDRAM）是有一个同步接口的动态随机存取内存（DRAM）。通常 DRAM 是有一个异步接口的，这样它可以随时响应控制输入的变化。而 SDRAM 有一个同步接口，在响应控制输入前会等待一个时钟信号，这样就能和计算机的系统总线同步。

2）DDR SDRAM

DDR SDRAM（Double Data Rate SDRAM）是双倍速率同步动态随机存储器的。SDRAM 在一个时钟周期内只传输一次数据，它是在时钟的上升期进行数据传输，而 DDR 内存则是在一个时钟周期内传输两次数据，它是在时钟的上升期和下降期各传输一次数据，因此称为双倍速率同步动态随机存储器。

3）DDR2 SDRAM

DDR2 SDRAM 简称 DDR2，是第二代双倍数据率同步动态随机存取存储器。它是 SDRAM 家族的存储器产品，比 DDR SDRAM 的运行效能更高，电压更低，它是 DDR SDRAM（双倍数据率同步动态随机存取存储器）的后继者，也是现时流行的存储器产品，由 JEDEC（电子设备工程联合委员会）开发。

4）DDR3 SDRAM

DDR3 SDRAM 简称 DDR3，它是用于 Intel 新型芯片的一代内存技术（但主要用于显卡内存），频率在 800M 以上。DDR3 在 DDR2 基础上采用了新型设计，与 DDR2 相比 DDR3 具有功耗和发热量较小、工作频率更高、降低显卡整体成本和通用性好的特点。

5）DDR4 SDRAM

DDR4 SDRAM 简称 DDR4，它属于 SDRAM 家族的存储器产品。它提供了比 DDR3 更高的运行性能与更低的电压，是当前最新的存储器类型。

2. 存储器在FPGA中的作用

在进行 FPGA 逻辑设计时，常使用内部资源 RAM IP 核或者 FIFO IP 核进行数据缓存，但 FPGA 内部缓存资源有限，不能对大数据量进行缓存。那么如何进行大数据量缓存呢？业界通用的方法是利用 FPGA 外接 DDR2、DDR3、DDR4 进行大容量数据缓存。DDR2、DDR3 和 DDR4 具有集成度高、读写速度快、价格便宜等优点，成为目前数据缓存的主流，但其操作复杂，增加了系统的开发周期和开发成本。

8.1.2　DDR3 IP 核简介

1．DDR3 IP核结构

根据 DDR3 IP 用户手册可知，DDR3 IP 核主要分为三个部分，分别是用户接口、内存控制器和物理层接口。对于用户来说，只需要掌握用户接口部分的内容，其余两部分只需了解即可。DDR3 IP 核结构如图 8.1 所示。

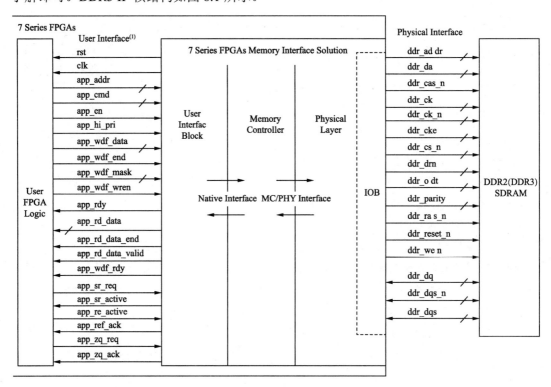

图 8.1　DDR3 IP 核结构

2．DDR3 IP核控制器时序图

DDR3 IP 核控制器用户时序主要分为 4 种，分别为命令时序、写时序、读时序和维护命令时序。

1）DDR3 IP 核控制器命令时序

DDR3 IP 核控制器命令时序就是读写操作指令写入的路径，当 app_rdy 与 app_en 都有效时，新的指令才能写入命令 FIFO（存放命令的 FIFO 称为命令 FIFO）中并被执行，如图 8.2 所示。

2）DDR3 IP 核控制器写时序

DDR3 IP 核控制器写时序就是读写操作数据写入的路径，从写时序图来看，与写入路径相关的信号有 app_adf_data、app_wdf_wren 和 app_wdf_end。在写数据的时候必须检测 app_rdy 和 app_wdf_rdy 信号是否同时有效，否则写入命令无法成功写入 DDR IP 核控制器的命令 FIFO 中，从而导致写操作失败，如图 8.3 所示。

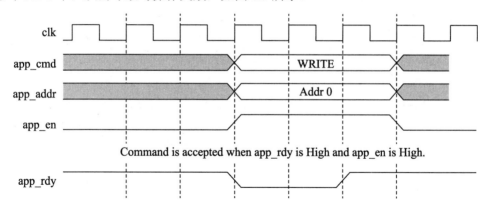

图 8.2 DDR3 IP 核控制器命令时序

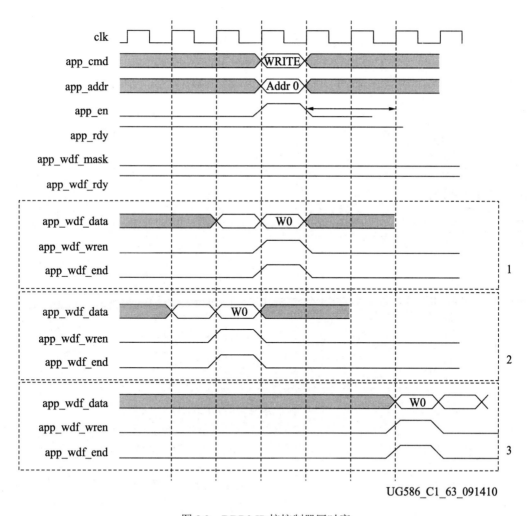

UG586_C1_63_091410

图 8.3 DDR3 IP 核控制器写时序

3）DDR3 IP 核控制器读时序

DDR3 IP 核控制器读时序就是读写操作数据读取的路径，读操作的时序比较简单，只需要注意 app_rdy 是否有效即可。说明：读数据路径就是数据从 IP 核中读出来的路径，如图 8.4 所示。

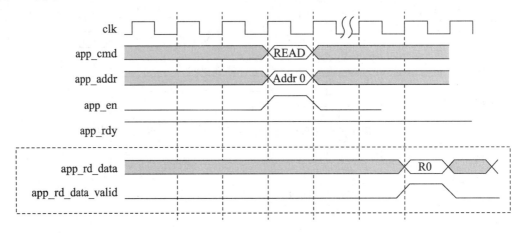

图 8.4　DDR3 IP 核控制器读时序

8.1.3　DDR3 读写功能设计

1．DDR3逻辑系统设计

基于 Xilinx FPGA 的 DDR3 接口逻辑设计主要分为两个模块，分别为 DDR3 IP 核模块（DDR3 IP 核控制器）和 DDR3 用户模块，如图 8.5 所示。

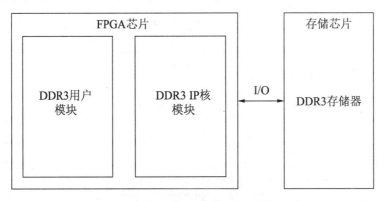

图 8.5　DDR3 逻辑设计

2．DDR3 IP核定制

（1）使用 Vivado 2019.1 软件创建工程，如图 8.6 所示，Vivado 创建工程流程参考4.4.3 节。

（2）在新建工程窗口中选择 IP Catalog 选项，如图 8.7 所示。

（3）在 Search 栏中输入 mig 出现 MIG IP 核，如图 8.8 所示。

（4）双击 MIG IP 核进入 DDR3 IP 核配置对话框，如图 8.9 所示。

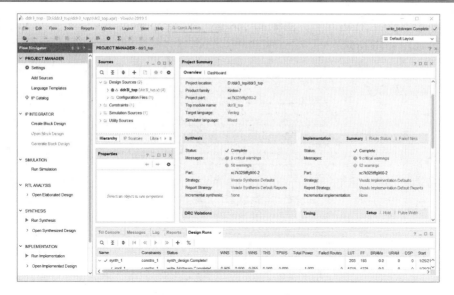

图 8.6　使用 Vivado 创建工程

图 8.7　选择 IP Catalog 选项

图 8.8　MIG IP 核

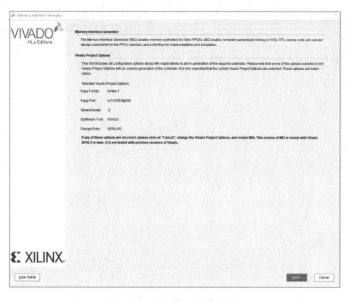

图 8.9　DDR3 IP 核配置 1

（5）单击 Next 按钮进入下一步配置对话框，将 Component Name 设置为 ddr3l，其他配置默认，如图 8.10 所示。

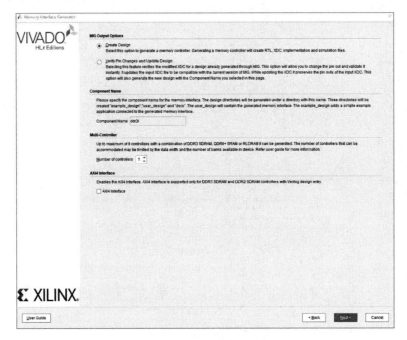

图 8.10　DDR3 IP 核配置 2

（6）单击 Next 按钮进入下一步配置对话框，如图 8.11 所示。这一步是配置是否要兼容其他 FPGA 芯片的 DDR3 IP 核，这里选择不兼容其他型号的 FPGA 芯片，保持默认配置即可。

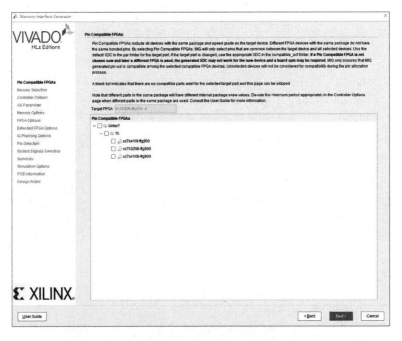

图 8.11　DDR3 IP 核配置 3

（7）单击 Next 按钮进入下一步配置对话框，这一步是选择存储器类型，这里选择 DDR3
SDRAM 单选按钮，如图 8.12 所示。

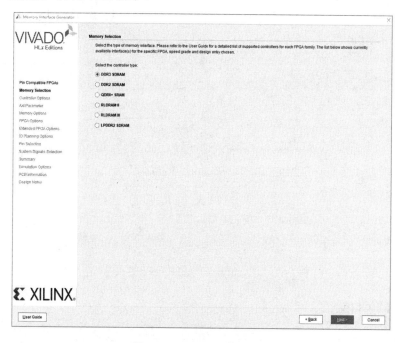

图 8.12　DDR3 IP 核配置 4

（8）单击 Next 按钮进入下一步配置对话框，如图 8.13 所示。在其中设置 DDR3 的实
际工作时钟频率为 400MHz，选择内存型号为 MT41K256M16XX-107，数据宽度设置为 16，
其他配置保持默认。

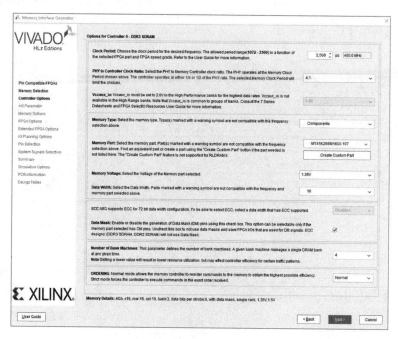

图 8.13　DDR3 IP 核配置 5

（9）单击 Next 按钮进入下一步配置对话框，在其中设置输入时钟频率为 200MHz，用户地址类型选择 BANK + ROW +COLUMN，如图 8.14 所示。

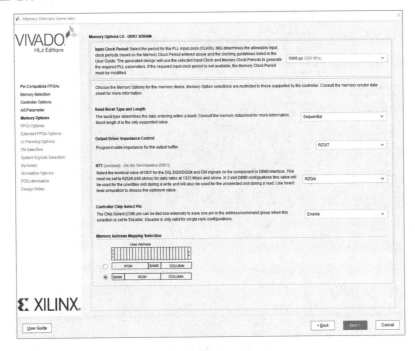

图 8.14　DDR3 IP 核配置 6

（10）单击 Next 按钮进入下一步配置对话框，如图 8.15 所示。在其中将系统时钟设置为 No Buffer，参考时钟为用户时钟，其他配置保持默认。

图 8.15　DDR3 IP 核配置 7

（11）单击 Next 按钮进入下一步，这里选择默认配置即可，如图 8.16 所示。

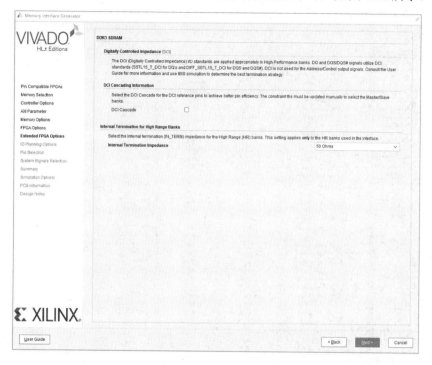

图 8.16　DDR3 IP 核配置 8

（12）单击 Next 按钮进入下一步配置对话框，如图 8.17 所示。在其中选择第二个单选按钮。

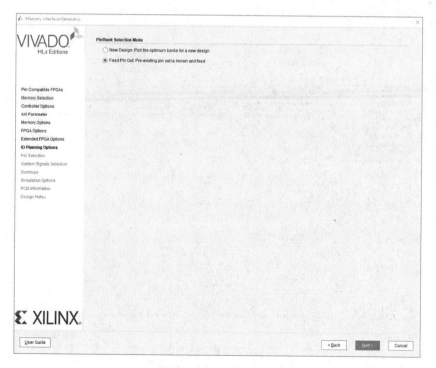

图 8.17　DDR3 IP 核配置 9

（13）单击 Next 按钮进入下一步配置对话框，在其中分配 DDR3 管脚，可以手动分配 DDR3 管脚或者直接读取已有的 DDR3 管脚，如图 8.18 所示。

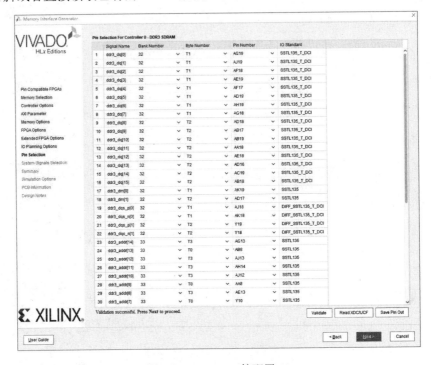

图 8.18　DDR3 IP 核配置 10

（14）单击 Next 按钮进入下一步配置对话框，如图 8.19 所示。

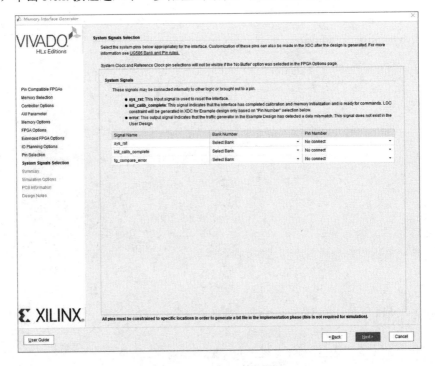

图 8.19　DDR3 IP 核配置 11

（15）单击 Next 按钮，进行 DDR3 IP 核的其他，这里对其他配置保持默认，直接单击 Next 按钮即可，如图 8.20 至图 8.23 所示。

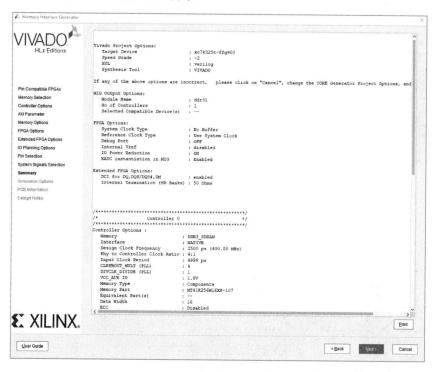

图 8.20　DDR3 IP 核配置 12

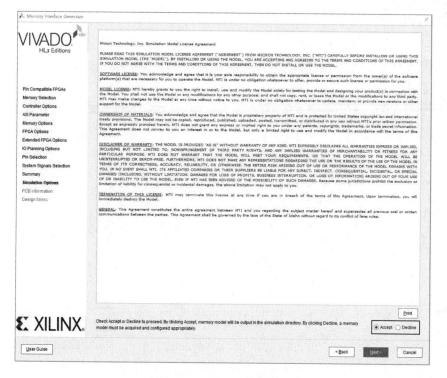

图 8.21　DDR3 IP 核配置 13

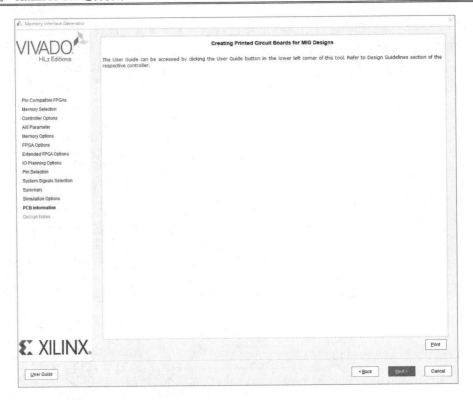

图 8.22　DDR3 IP 核配置 14

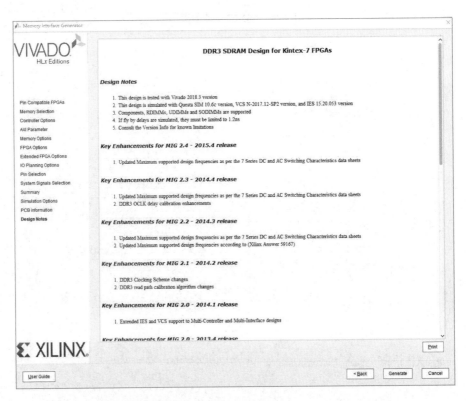

图 8.23　DDR3 IP 核配置 15

（16）在图 8.23 所示的对话框中单击 Generate 按钮弹出 Generate Output Products 对话框，分别单击 Generate 按钮和 OK 按钮生成 DDR3 IP 核，如图 8.24 和图 8.25 所示。

（17）查看 DDR3 IP 核，如图 8.26 所示。

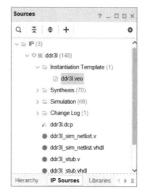

图 8.24　生成 DDR3 IP 核 1　　　图 8.25　生成 DDR3 IP 核 2　　　图 8.26　DDR3 IP 核

3．DDR3用户模块设计

使用 System Verilog 语言编写 DDR3 用户模块，该用户模块用于实现 DDR3 读写时序控制，具体程序如下：

```verilog
//时间尺度预编译指令
`timescale 1ns / 1ps
//模块名称为 ddr3_ctrl
module ddr3_ctrl(
input  bit        sys_clk              ,    //用户时钟，频率为200MHz
input  bit        sys_reset            ,    //用户复位，高电平有效
input  logic      init_calib_complete  ,    //DDR 初始化完成
input  logic      app_rdy              ,    //空闲信号
output logic      app_en               ,    //使能信号
output logic [02:0]app_cmd             ,    //读写命令，000 代表写，001 代表读
output logic [28:0]app_addr            ,    //读写地址
input  logic      app_wdf_rdy          ,    //写数据空闲
output shortint   app_wdf_mask         ,    //写数据掩码
output bit  [127:0]app_wdf_data        ,    //写数据
output logic      app_wdf_wren         ,    //写数据使能
output logic      app_wdf_end          ,    //最后一个写数据标志
input  logic      app_rd_data_valid    ,    //读数据使能
input  logic      app_rd_data_end      ,    //最后一个读数据标志
input  bit  [127:0]app_rd_data         );   //读数据
parameter   idle         = 8'h01;            //空状态
parameter   write_ddr    = 8'h02;            //写地址状态
parameter   write_finish = 8'h04;            //写地址完成状态
parameter   read_ddr     = 8'h08;            //读地址状态
parameter   wait_state   = 8'h10;            //读等待状态
parameter   finish_state = 8'h20;            //读完成状态
```

```
byte  c_state           ;              //当前状态
byte  n_state           ;              //下一个状态
byte  w_finish_cnt     ;              //写地址状态计数器
logic debug_en = 1'b0 ;                //调试变量
//当前状态跳转
always @(posedge sys_clk)begin
  if(sys_reset)
    c_state <= idle;
  else
    c_state <= n_state;
end
//下一个状态跳转
always @ ( * )begin
  n_state = idle;
  casex(c_state)
    idle:begin
      //DDR 初始化完成
      if(init_calib_complete == 1'b1)
        n_state = write_ddr;
      else
        n_state = idle;
    end
    write_ddr:begin
      //DDR 写操作完成
      if(app_wdf_end == 1'b1)
        n_state = write_finish;
      else
        n_state = write_ddr;
    end
    write_finish:begin
      if(w_finish_cnt == 'd10)
        n_state = read_ddr;
      else
        n_state = write_finish;
    end
    read_ddr:begin
      //DDR 读操作完成
      if(app_en == 1'b1)
        n_state = wait_state;
      else
        n_state = read_ddr;
    end
    wait_state:begin
      if(app_rd_data_valid == 1'b1)
        n_state = finish_state;
      else
        n_state = wait_state;
    end
    finish_state:begin
      if(debug_en == 1'b1)
        n_state = idle;
      else
        n_state = finish_state;
    end
    default:begin
      //防止状态机跳转到未定义状态，重新回到初始状态
      n_state = idle;
    end
  endcase
end
```

```
//当状态机处于写操作完成状态时计数器开始计数，当为其他状态时计数器清零
always @(posedge sys_clk)begin
  if(sys_reset)
    w_finish_cnt <= 'd0;
  else if(c_state == write_finish)
    w_finish_cnt <= w_finish_cnt + 'd1;
  else
    w_finish_cnt <= 'd0;
end
//DDR 读写时序控制
always @(posedge sys_clk)begin
  if(sys_reset)begin
      app_en   <= 'd0;
      app_cmd  <= 'd0;
      app_addr <= 'd0;
  end
    else if(c_state == write_ddr)begin              //DDR 写指令
      if(app_wdf_end == 1'b1)begin
      app_en   <= 'd0;
      app_cmd  <= app_cmd;
      app_addr <= app_addr;
    end
      else if(app_rdy == 1'b1 && app_wdf_rdy == 1'b1)begin
      app_en   <= 'd1;
      app_cmd  <= 'd0;
      app_addr <= 'd8;
    end
    end
    else if(c_state == read_ddr)begin               //DDR 读指令
      if(app_en == 1'b1)begin
      app_en   <= 'd0;
      app_cmd  <= app_cmd;
      app_addr <= app_addr;
    end
      else if(app_rdy == 1'b1)begin
      app_en   <= 'd1;
      app_cmd  <= 'd1;
      app_addr <= 'd8;
    end
    end
    else begin
      app_en   <= 'd0;
      app_cmd  <= app_cmd ;
      app_addr <= app_addr;
    end
end
always @(posedge sys_clk)begin
  if(sys_reset)begin
    app_wdf_mask  <= 'd0;
    app_wdf_data  <= 'd0;
    app_wdf_wren  <= 'd0;
    app_wdf_end   <= 'd0;
  end
    else if(c_state == write_ddr)begin                  //DDR 写数据
      if(app_wdf_end == 1'b1)begin
      app_wdf_mask  <= 'd0;
      app_wdf_data  <= app_wdf_data;
      app_wdf_wren  <= 'd0;
      app_wdf_end   <= 'd0;
    end
```

```
        else if(app_rdy == 1'b1 && app_wdf_rdy == 1'b1)begin
          app_wdf_mask  <= 'd0;
          app_wdf_data  <= 128'h00010203_04050607_08090a0b_0c0d0e0f;
          app_wdf_wren  <= 'd1;
          app_wdf_end   <= 'd1;
        end
      end
      else begin
          app_wdf_mask  <= 'd0;
          app_wdf_data  <= app_wdf_data;
          app_wdf_wren  <= 'd0;
          app_wdf_end   <= 'd0;
      end
    end
  endmodule
```

🔔注意：DDR3 用户模块采用状态机三段式写法，第一段为当前状态转移，第二段为下一
　　　　个状态转移，第三段为 DDR 读写控制，先写 DDR 再读 DDR，如果读写一致，
　　　　则证明 DDR 读写功能正确。

8.1.4　DDR3 读写功能逻辑仿真

1. DDR3用户模块激励设计

使用 System Verilog 语言编写 DDR3 用户模块仿真激励程序如下：

```
//时间尺度预编译指令
`timescale 1ns / 1ps
//模块名称为 ddr3_ctrl_tb
module ddr3_ctrl_tb();
reg         sys_clk            ;      //仿真时钟，频率为 200MHz
reg         sys_reset          ;      //仿真复位，高电平有效
reg         init_calib_complete;      //DDR3 用户接口
reg         app_rdy            ;      //DDR3 用户接口
reg         app_wdf_rdy        ;      //DDR3 用户接口
reg         app_rd_data_valid  ;      //DDR3 用户接口
reg         app_rd_data_end    ;      //DDR3 用户接口
reg  [127:0]app_rd_data        ;      //DDR3 用户接口
wire        app_en             ;      //DDR3 用户接口
wire [02:0] app_cmd            ;      //DDR3 用户接口
wire [28:0] app_addr           ;      //DDR3 用户接口
wire        app_wdf_mask       ;      //DDR3 用户接口
wire [127:0]app_wdf_data       ;      //DDR3 用户接口
wire        app_wdf_wren       ;      //DDR3 用户接口
wire        app_wdf_end        ;      //DDR3 用户接口
//所有变量初始化
initial begin
  sys_clk            = 0;
  init_calib_complete = 0;
  app_rdy            = 1;
  app_wdf_rdy        = 1;
  app_rd_data_valid  = 0;
  app_rd_data_end    = 1;
  app_rd_data        = 128'h00010203_04050607_08090a0b_0c0d0e0f;
```

```
    sys_reset          = 1;
    #100
    sys_reset = 0           ;                    //复位完成
    #100
    init_calib_complete = 1;
    #205
    app_rd_data_valid  = 1;
    #10
    app_rd_data_valid  = 0;
  end
//产生 200MHz 时钟激励
always #2.5 sys_clk = !sys_clk;
//例化 ddr3_ctrl 模块
ddr3_ctrl ddr3_ctrl(
  .sys_clk              (sys_clk              ),
  .sys_reset            (sys_reset            ),
  .init_calib_complete  (init_calib_complete),
  .app_rdy              (app_rdy              ),
  .app_en               (app_en               ),
  .app_cmd              (app_cmd              ),
  .app_addr             (app_addr             ),
  .app_wdf_rdy          (app_wdf_rdy          ),
  .app_wdf_mask         (app_wdf_mask         ),
  .app_wdf_data         (app_wdf_data         ),
  .app_wdf_wren         (app_wdf_wren         ),
  .app_wdf_end          (app_wdf_end          ),
  .app_rd_data_valid    (app_rd_data_valid    ),
  .app_rd_data_end      (app_rd_data_end      ),
  .app_rd_data          (app_rd_data          ));
endmodule
```

注意：进行 DDR3 用户模块仿真时，需要初始化所有的输入变量，所有的输出变量需要连线，否则仿真时会出现红线（不定态）和蓝线（高阻态）。

2. DDR3用户模块仿真波形

使用 Vivado 2019.1 软件对 DDR3 用户模块进行功能仿真，仿真波形如图 8.27 所示。

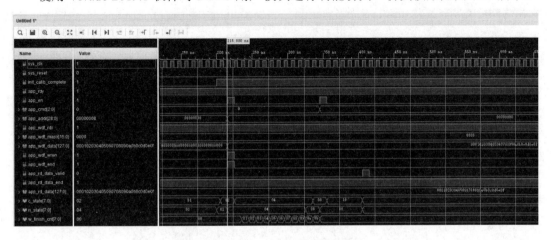

图 8.27　DDR3 用户模块仿真波形

从仿真波形可以看出，DDR3 初始化完成后，首先进行 DDR3 写操作，写地址为 0x8，写数据为 0x000102030405060708090a0b0c0d0e0f；然后进行 DDR3 读操作，读地址为 0x8，读数据为 0x000102030405060708090a0b0c0d0e0f。读写数据一致，验证了 DDR3 读写功能的正确性。

8.1.5　DDR3 读写功能硬件调试

DDR3 硬件调试主要是利用在线逻辑分析仪 ILA 抓取 DDR3 读写数据，并验证读写数据是否符合设计预期。在线调试波形与仿真波形类似，主要区别是，一个是在 FPGA 硬件板上调试，一个是在仿真软件上调试。这里使用 Vivado 软件进行 DDR3 读写硬件调试。DDR3 硬件调试分为 5 个环节，分别为 DDR3 顶层设计、MMCM IP 核定制、ILA IP 核定制、约束文件设计和 DDR3 硬件调试。

1. DDR3顶层设计

DDR3 顶层设计程序如下：

```verilog
//时间尺度预编译指令
`timescale 1ns / 1ps
//模块名称为ddr3_top
module ddr3_top(
input      sys_clk_p  ,          //差分时钟（正相位），频率为100MHz
input      sys_clk_n  ,          //差分时钟（负相位），频率为100MHz
output     led        );         //LED灯
//数据位宽参数化定义
parameter ADDR_WIDTH      = 29;
parameter nCK_PER_CLK     = 4;
parameter DATA_WIDTH      = 16;
parameter APP_DATA_WIDTH  = 2 * nCK_PER_CLK * DATA_WIDTH;
parameter APP_MASK_WIDTH  = APP_DATA_WIDTH / 8;
//连线
wire  [14:0]             ddr3_addr           ;
wire  [2:0]              ddr3_ba             ;
wire                     ddr3_ras_n          ;
wire                     ddr3_cas_n          ;
wire                     ddr3_we_n           ;
wire                     ddr3_reset_n        ;
wire  [0:0]              ddr3_ck_p           ;
wire  [0:0]              ddr3_ck_n           ;
wire  [0:0]              ddr3_cke            ;
wire  [0:0]              ddr3_cs_n           ;
wire  [3:0]              ddr3_dm             ;
wire  [0:0]              ddr3_odt            ;
wire  [31:0]             ddr3_dq             ;
wire  [3:0]              ddr3_dqs_n          ;
wire  [3:0]              ddr3_dqs_p          ;
wire                     init_calib_complete;
wire  [ADDR_WIDTH-1:0]   app_addr            ;
wire  [2:0]              app_cmd             ;
wire                     app_en              ;
wire                     app_rdy             ;
wire  [APP_DATA_WIDTH-1:0] app_rd_data        ;
wire  [APP_DATA_WIDTH-1:0] app_rd_data_test   ;
```

```
wire                        app_rd_data_end      ;
wire                        app_rd_data_valid  ;
wire  [APP_DATA_WIDTH-1:0] app_wdf_data         ;
wire                        app_wdf_end          ;
wire  [APP_MASK_WIDTH-1:0] app_wdf_mask          ;
wire                        app_wdf_rdy          ;
wire                        app_sr_active        ;
wire                        app_ref_ack          ;
wire                        app_zq_ack           ;
wire                        app_wdf_wren         ;
wire                        ui_clk               ;
wire                        ui_clk_sync_rst      ;
wire                        sys_clk_i            ;
wire                        sys_rst              ;
wire                        clk_200              ;
wire                        locked               ;
//DDR3 IP核系统时钟200MHz
assign sys_clk_i = clk_200;
//DDR3 IP核系统复位
assign sys_rst   = locked;
//DDR 芯片初始化完成，LED 点灯（如果 FPGA 无 LED 管脚，则可以利用调试 IP 核来观察该信号
的状态）
assign led   = init_calib_complete;
//例化 mmcm_ip 模块
mmcm_ip mmcm_ip_inst(
  .clk_out1 (clk_200  ),
  .reset    (1'b0     ),
  .locked   (locked   ),
  .clk_in1_p(sys_clk_p),
  .clk_in1_n(sys_clk_n));
//例化 ddr3l 模块
ddr3l ddr3l_inst(
   //DDR 物理接口
   .ddr3_addr           (ddr3_addr            ),
   .ddr3_ba             (ddr3_ba              ),
   .ddr3_cas_n          (ddr3_cas_n           ),
   .ddr3_ck_n           (ddr3_ck_n            ),
   .ddr3_ck_p           (ddr3_ck_p            ),
   .ddr3_cke            (ddr3_cke             ),
   .ddr3_ras_n          (ddr3_ras_n           ),
   .ddr3_we_n           (ddr3_we_n            ),
   .ddr3_dq             (ddr3_dq              ),
   .ddr3_dqs_n          (ddr3_dqs_n           ),
   .ddr3_dqs_p          (ddr3_dqs_p           ),
   .ddr3_reset_n        (ddr3_reset_n         ),
   .init_calib_complete (init_calib_complete),
   .ddr3_cs_n           (ddr3_cs_n            ),
   .ddr3_dm             (ddr3_dm              ),
   .ddr3_odt            (ddr3_odt             ),
   //DDR 用户接口
   .app_addr            (app_addr            ),
   .app_cmd             (app_cmd             ),
   .app_en              (app_en              ),
   .app_wdf_data        (app_wdf_data         ),
   .app_wdf_end         (app_wdf_end          ),
   .app_wdf_wren        (app_wdf_wren         ),
   .app_wdf_mask        (app_wdf_mask         ),
```

```
    .app_rd_data            (app_rd_data           ),
    .app_rd_data_end        (app_rd_data_end       ),
    .app_rd_data_valid      (app_rd_data_valid     ),
    .app_rdy                (app_rdy               ),
    .app_wdf_rdy            (app_wdf_rdy           ),
    .app_sr_req             (1'b0                  ),
    .app_ref_req            (1'b0                  ),
    .app_zq_req             (1'b0                  ),
    .app_sr_active          (app_sr_active         ),
    .app_ref_ack            (app_ref_ack           ),
    .app_zq_ack             (app_zq_ack            ),
    .ui_clk                 (ui_clk                ),
    .ui_clk_sync_rst        (ui_clk_sync_rst       ),
    //DDR 系统时钟与复位
    .sys_clk_i              (sys_clk_i             ),
    .sys_rst                (sys_rst               ));
//例化 ddr3_ctrl 模块
ddr3_ctrl ddr3_ctrl(
    .sys_clk                (ui_clk                ),
    .sys_reset              (ui_clk_sync_rst       ),
    .init_calib_complete    (init_calib_complete   ),
    .app_rdy                (app_rdy               ),
    .app_en                 (app_en                ),
    .app_cmd                (app_cmd               ),
    .app_addr               (app_addr              ),
    .app_wdf_rdy            (app_wdf_rdy           ),
    .app_wdf_mask           (app_wdf_mask          ),
    .app_wdf_data           (app_wdf_data          ),
    .app_wdf_wren           (app_wdf_wren          ),
    .app_wdf_end            (app_wdf_end           ),
    .app_rd_data_valid      (app_rd_data_valid     ),
    .app_rd_data_end        (app_rd_data_end       ),
    .app_rd_data            (app_rd_data           ));
//例化 ddr3_ila 模块
ddr3_ila ddr3_ila_inst(
    .clk                    (ui_clk                ),
    .probe0                 (init_calib_complete   ),
    .probe1                 (app_rdy               ),
    .probe2                 (app_en                ),
    .probe3                 (app_cmd               ),
    .probe4                 (app_addr              ),
    .probe5                 (app_wdf_rdy           ),
    .probe6                 (app_wdf_mask          ),
    .probe7                 (app_wdf_data          ),
    .probe8                 (app_wdf_wren          ),
    .probe9                 (app_wdf_end           ),
    .probe10                (app_rd_data_valid     ),
    .probe11                (app_rd_data_end       ),
    .probe12                (app_rd_data           ));
endmodule
```

🔔注意：时钟 IP 核（mmcm_ip）、存储器 IP 核（ddr3l）和调试 IP 核（ddr3_ila）属于 Xilinx 时钟知识产权。

2. DDR3 IP核定制

　　DDR3 硬件调试 IP 核定制包括 MMCM IP 核定制、DDR3 IP 核定制和 ILA IP 核定制。其中，DDR3 IP 核定制参考 8.1.3 节。

1）MMCM IP 核定制

利用 Vivado 2019.1 软件定制 MMCM IP 核，MMCM IP 核配置参数如图 8.28 至图 8.32
所示。

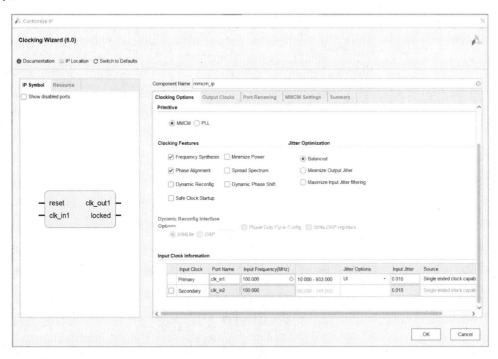

图 8.28　MMCM IP 核定制 1

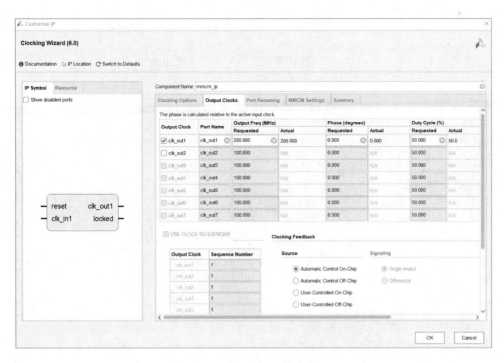

图 8.29　MMCM IP 核定制 2

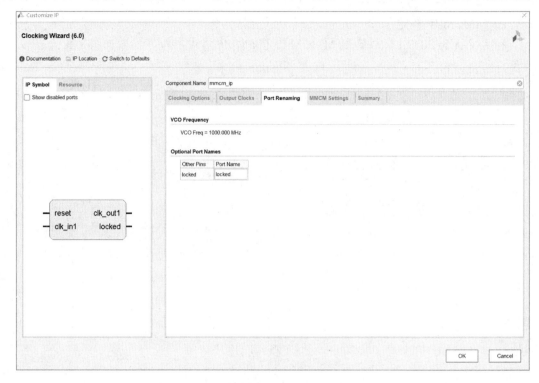

图 8.30　MMCM IP 核定制 3

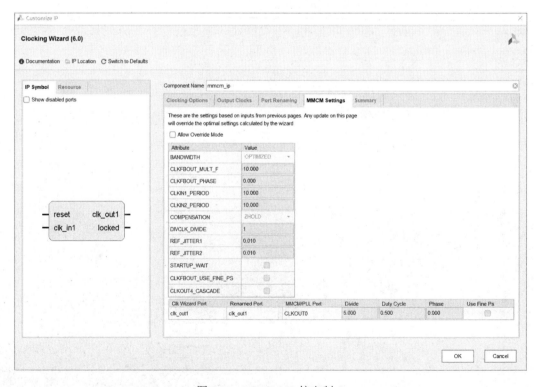

图 8.31　MMCM IP 核定制 4

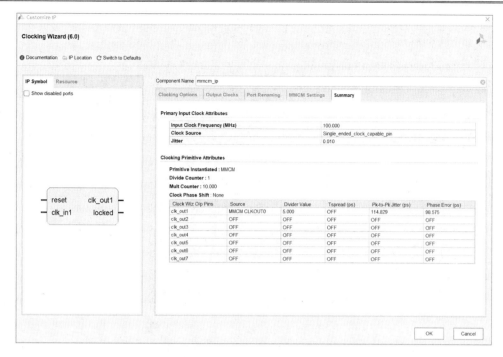

图 8.32　MMCM IP 核定制 5

2）ILA IP 核定制

利用 Vivado 2019.1 软件定制 ILA IP 核，ILA IP 核配置参数如图 8.33 至图 8.35 所示。

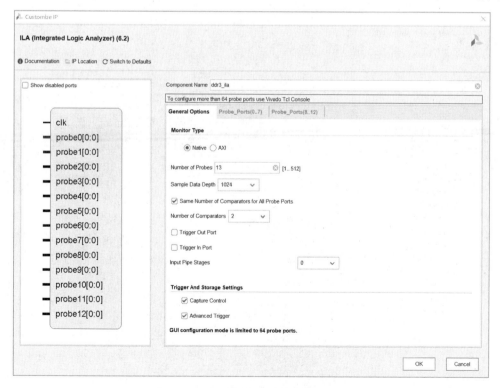

图 8.33　ILA IP 核定制 1

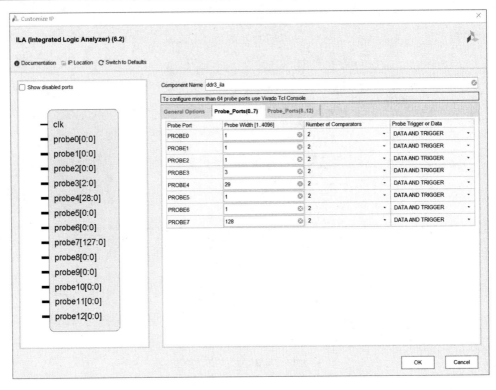

图 8.34　ILA IP 核定制 2

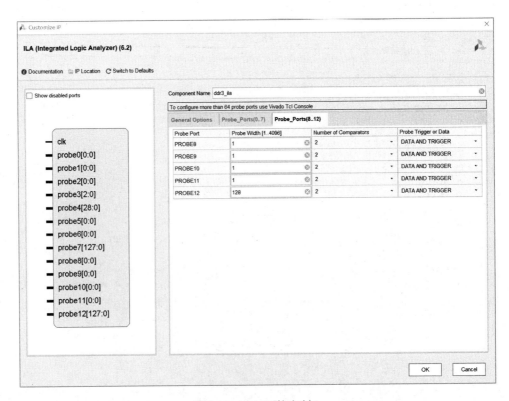

图 8.35　ILA IP 核定制 3

3．约束文件设计

DDR3 硬件调试约束文件如下：

```
#差分时钟约束（100MHz）
set_property PACKAGE_PIN AF6 [get_ports sys_clk_p]
set_property PACKAGE_PIN AG5 [get_ports sys_clk_n]
#LED 管脚约束
set_property PACKAGE_PIN D14 [get_ports led]
set_property IOSTANDARD LVCMOS33 [get_ports led]
```

4．DDR3硬件调试

1）DDR3 初始化自检

使用 Vivado 2019.1 软件生成 DDR3 IP 核时，会配置 DDR3 SDRAM 初始化自检信号
（calib_done），把该信号连接到外部的 LED 灯或者添加到调试 ILA IP 核中，查看初始化自
检信号的状态，如图 8.36 所示。

从调试波形可以看出该信号已经拉高，代表 DDR3 SDRAM 自检完成。如果该信号没
有拉高，则代表 DDR3 IP 核设计错误，需要进一步分析定位。

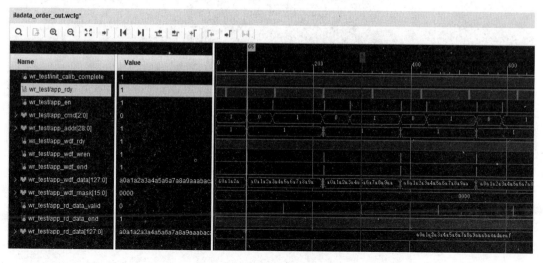

图 8.36　DDR3 初始化完成

2）DDR3 硬件调试波形

首先使用 Vivado 2019.1 软件生成 DDR3 bit 文件，然后将该文件下载到 FPGA 开发板
或者 FPGA 硬件板卡上。通过 Vivado 的 Hardwave Manager 可以看到 DDR3 Debug 信号的
状态。DDR3 调试波形如图 8.37 和图 8.38 所示。从图 8.37 中可以看出，写 DDR3 时，写
地址为 0x1，写数据为 0xa0a1a2a3a4a5a6a7a8a9aaabacadaeaf；从图 8.38 中可以看出，读 DDR3
时，读地址为 0x1，读数据为 0xa0a1a2a3a4a5a6a7a8a9aaabacadaeaf，读写同一个地址且写
数据与读数据一致，验证了 DDR3 接口设计的正确性。

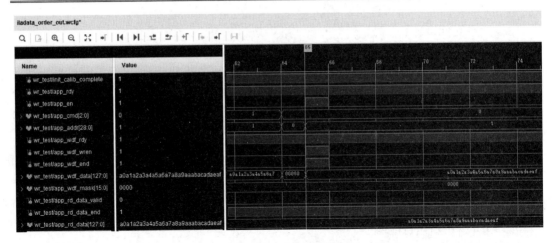

图 8.37　写 DDR3 调试波形

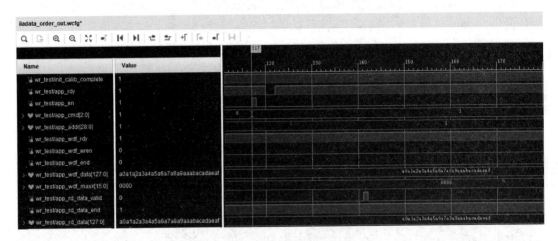

图 8.38　读 DDR3 调试波形

8.2　PCIE 接口设计

随着现代处理器技术的发展，在互连领域中，使用高速差分总线替代并行总线是大势所趋。与单端并行信号相比，高速差分信号可以使用更高的时钟频率和更少的信号线完成以前需要许多单端并行数据信号才能达到的总线带宽。PCIE 总线使用高速差分总线，并采用了端到端的连接方式，因此在每一条 PCIE 链路中只能连接两个设备。

本节首先介绍 PCIE 总线和 PCIE 数据格式，让读者对 PCIE 接口有一个初步的了解；接着介绍 Xilinx FPGA 厂商的 PCIE IP 核结构和用户接口时序；最后从 FPGA 工程角度出发，依次介绍 PCIE 逻辑设计、PCIE 功能仿真和 PCIE 硬件调试。通过本节的学习可以让读者快速掌握 PCIE 接口的开发方法。

8.2.1　PCIE 简介

1.　PCIE总线概述

PCIE 是一种高速串行计算机扩展总线标准，它原来的名称为 3GIO，是由英特尔公司在 2001 年提出的，旨在替代旧的 PCI、PCI-X 和 AGP 总线标准。PCIE 总线被广泛应用于网络适配、图形加速器、网络存储、大数据传输及嵌入式系统等领域。

PCIE 属于高速串行点对点双通道高带宽传输，所连接的设备可分配独享的通道带宽，不共享总线带宽，具有主动管理电源，进行错误报告，端对端的传输，热插拔等功能。一个完整的 PCIE 体系结构包括应用层、事务层、数据链路层和物理层，如图 8.39 所示。

1）应用层

应用层决定了 PCIE 设备的类型和基础功能，可以由硬件（如 FPGA）或者软硬件协同实现。如果该设备为终端设备，则其最多可拥有 8 项功能且每项功能都有一个对应的配置空间。如果该设备为交换设备，则应用层需要实现包路由等相关逻辑。如果该设备为根设备，则应用层需要实现虚拟的 PCIE 总线 0，并代表整个 PCIE 总线系统与 CPU 通信。

2）事务层

接收端的事务层负责事务层包（Transaction Layer Packet，TLP）的解码与校检，发送端的事务层负责 TLP 的创建。此外，事务层还有质量服务、流量控制以及事务排序等功能。

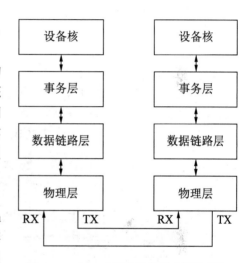

图 8.39　PCIE 分层协议和设备通信框架

3）数据链路层

数据链路层负责数据链路层包（Data Link Layer Packet，DLLP）的创建、解码和校检。同时，本层还实现了 Ack/Nak 的应答机制。

4）物理层

物理层负责 Ordered-Set Packet 的创建与解码，同时负责发送与接收所有类型的包（TLPs、DLLPs 和 Ordered-Sets）。当前在发送包之前还需要对包进行一系列的处理，如字节条带化、扰码和编码。反之，在接收端就需要进行相反的处理。此外，物理层还实现了链路训练和链路初始化的功能，这一般是通过链路训练状态机（Link Training and Status State Machine，LTSSM）来完成的。

2.　PCIE数据格式

主机与 PCIE 设备之间的数据传输是以包（Packet）形式将数据从发送端事务层传输到接收端事务层上的。上层（软件层或者应用层）根据请求的类型、目的地址和其他相关属性，把这些请求进行打包并产生 TLP（Transaction Layer Packet，事务层数据包），然后将这些 TLP 往下传输，经过数据链路层和物理层，最终到达目标设备。

TLP 主要由三部分组成：Header、Data 和 ECRC（可选），如图 8.40 所示。TLP 都是始于发送端的事务层，终于接收端的事务层。Header 内容包括发送者的相关信息、目标地址、TLP 类型（Memory Read 或 Memory Write 等）和数据长度等，每个 TLP 都有一个 Header；Data Payload 域用于存放有效载荷数据。该域不是必需的，因为不是每个 TLP 都一定会携带数据，如 Memory Read TLP，它仅仅是一个读请求命令。ECRC 域针对前面的 Header 和 Data 生成一个 CRC 校验值，接收端根据收到的 TLP 重新生成 Header 和 Data 的 CRC 校验值，并与收到的 CRC 进行比较，如果重新生成的 CRC 与收到的 CRC 相等，则说明数据在传输过程中没有出错，否则就会发生错误。ECRC 是可选的，完全可以不加 ECRC。

TLP Header	Data Payload	ECRC

图 8.40　TLP 包格式

8.2.2　PCIE IP 核简介

1. PCIE IP核结构

根据 Xilinx FPGA PCIE IP 用户手册可知，DDR3 IP 核主要划分为两个部分，分别为 PCIE 应用模块和物理层高速收发器接口。对于用户来说，只需要掌握用户接口部分的相关内容，另外两部分只需了解即可。PCIE IP 核结构如图 8.41 所示。

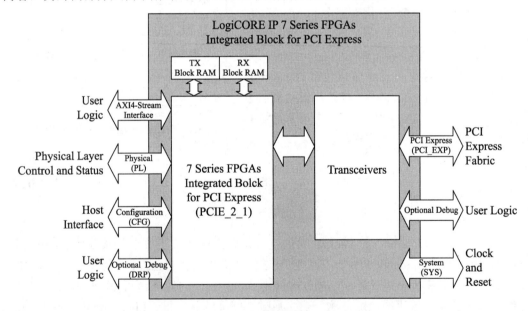

图 8.41　PCIE IP 核结构

2. PCIE IP用户时序

对于用户来说，通过控制 AXI4-Steram 总线就可以完成数据的接收与发送，AXI4-Stream 总线时序图如图 8.42 所示。

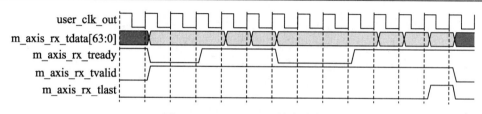

图 8.42　AXI4-Stream 总线时序

8.2.3　PCIE 通信功能设计

1. PCIE逻辑设计

基于 Xilinx FPGA 的 PCIE 接口逻辑设计主要分为两个模块，分别为 PCIE IP 核模块和 PCIE 用户模块，如图 8.43 所示。

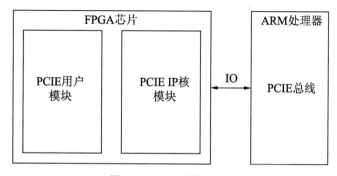

图 8.43　PCIE 逻辑设计

2. PCIE IP核定制

（1）使用 Vivado 2019.1 软件创建工程，如图 8.44 所示，创建流程参考 4.4.3 节。

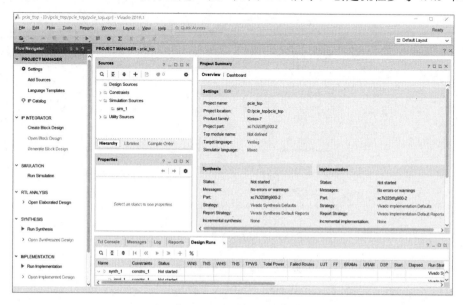

图 8.44　使用 Vivado 创建工程

（2）在新建工程窗口中选择 IP Catalog，如图 8.45 所示。

（3）在 Search 栏中输入 pcie 出现 PCIE IP 核，如图 8.46 所示。双击 7 Series Integrated Block For PCI Expres 进入 PCIE IP 核配置对话框。

（4）在 Basic 选项卡中将 Component Name 设置为 pcie_7x_0，Lane Width 选择 x1，Maximum Link Speed 选择 5.0 GT/s，Frequency（MHz）选择 62.5MHz，其他配置默认，如图 8.47 所示。

图 8.45　选择 IP Catalog

图 8.46　PCIE IP 核

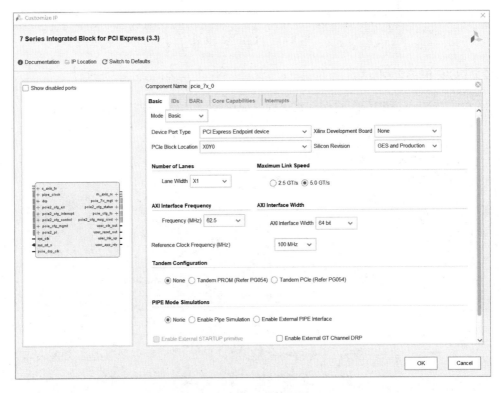

图 8.47　PCIE IP 核配置 1

（5）在 IDs 选项卡中，Base Class Menu 选择 Memory controller，Sub Class Interface Menu 选择 Other memory controller，其他配置默认，如图 8.48 所示。

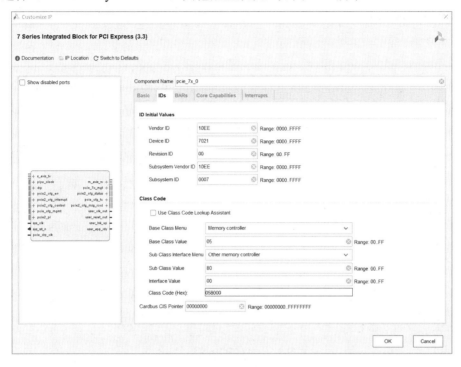

图 8.48　PCIE IP 核配置 2

（6）在 BARs 选项卡中，Size Unit 选择 Kilobytes，Size Value 选择 2，其他配置默认，如图 8.49 所示。

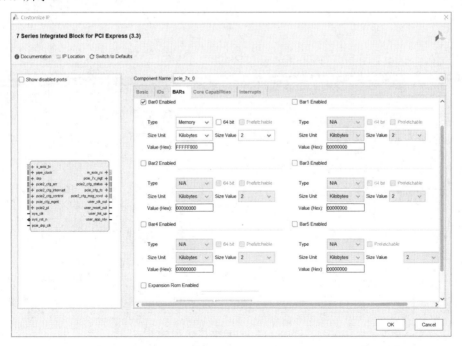

图 8.49　PCIE IP 核配置 3

（7）Core Capabilities 选项卡中的选项保持默认配置即可，如图 8.50 所示。

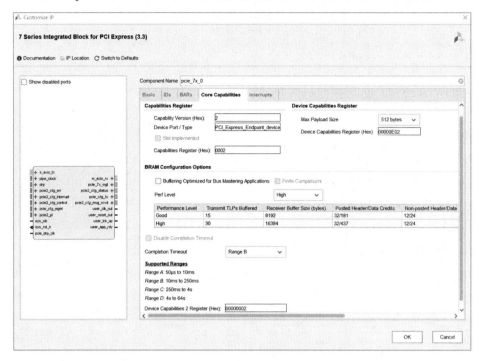

图 8.50　PCIE IP 核配置 4

（8）Interrupts 选项卡中的选项也保持默认配置，如图 8.51 所示。

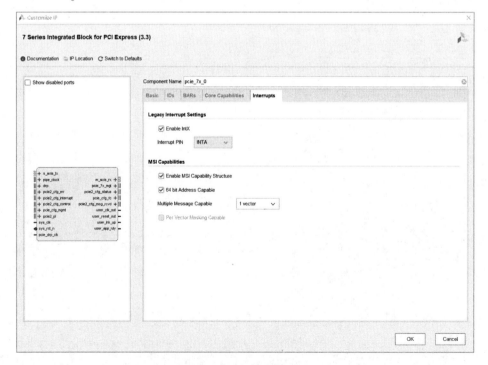

图 8.51　PCIE IP 核配置 5

3. PCIE用户模块设计

PCIE 用户模块包括 PCIE 寄存器模块和 PCIE 中断模块。

1）PCIE 寄存器模块

使用 System Verilog 语言编写 PCIE 寄存器读写模块的程序如下：

```
//时间尺度预编译指令
`timescale 1ns / 1ps
//模块名称为pcie_memory_ctrl
module pcie_memory_ctrl(
input  bit           sys_clk            ,        //系统时钟，频率为125MHz
input  bit           sys_rst_n          ,        //系统复位，低电平有效
input  logic         Memory_wr_en       ,        //PCIE IP核寄存器写使能
input  logic  [26:0] Memory_waddr       ,        //PCIE IP核寄存器写地址
input  logic  [31:0] Memory_wdata       ,        //PCIE IP核寄存器写数据
input  logic         Memory_rd_en       ,        //PCIE IP核寄存器读使能
input  logic  [26:0] Memory_raddr       ,        //PCIE IP核寄存器读地址
output logic  [31:0] Memory_rdata       ,        //PCIE IP核寄存器读数据
output logic         Memory_rdata_en    ,        //PCIE IP核寄存器读数据有效
output logic         pcie_wr_valid      ,        //用户寄存器读/写使能
//用户寄存器读/写命令，01为写操作，10为读操作
output logic  [01:0] pcie_wr            ,
output logic  [31:0] pcie_wr_addr       ,        //用户寄存器读/写地址
output logic  [31:0] pcie_wdata         ,        //用户寄存器写数据
input  logic  [31:0] pcie_rdata         ,        //用户寄存器读数据
input  logic         pcie_rdata_valid  );        //用户寄存器读数据有效
//用户寄存器读/写时序控制
always @(posedge sys_clk)begin
  if(!sys_rst_n)begin
    pcie_wr_valid <= 'd0;
    pcie_wr       <= 'd0;
    pcie_wr_addr  <= 'd0;
    pcie_wdata    <= 'd0;
  end
  else if(Memory_wr_en)begin                      //写操作（CPU-->FPGA）
    pcie_wr_valid <= 'd1;
    pcie_wr       <= 2'b01;
    pcie_wr_addr  <= {5'd0,Memory_waddr};
    pcie_wdata    <= Memory_wdata;
  end
  else if(Memory_rd_en)begin                      //读操作（FPGA-->CPU）
    pcie_wr_valid <= 'd1;
    pcie_wr       <= 2'b10;
    pcie_wr_addr  <= {5'd0,Memory_raddr};
    pcie_wdata    <= 'd0;
  end
  else begin
    pcie_wr_valid <= 'd0;
    pcie_wr       <= pcie_wr;
  end
end
//FPGA 返回 CPU 读地址对应的数据
always @(posedge sys_clk)begin
  if(!sys_rst_n)begin
    Memory_rdata    <= 'd0;
    Memory_rdata_en <= 'd0;
```

```
    end
    //读数据有效时,向 PCIE IP核返回读数据与读有效
    else if(pcie_rdata_valid)begin
      Memory_rdata     <= pcie_rdata;
      Memory_rdata_en <= 'd1;
    end
    else begin
      Memory_rdata     <= Memory_rdata;
      Memory_rdata_en <= 'd0;
    end
  end
end
endmodule
```

注意：PCIE 寄存器模块用于实现 PCIE IP 核寄存器接口与用户寄存器模块的交互功能。

2）PCIE 中断模块

使用 System Verilog 语言编写 PCIE 中断模块的程序如下：

```
//时间尺度预编译指令
`timescale 1ns / 1ps
//模块名称为 pcie_interrupt
module pcie_interrupt(
input  bit       sys_clk                      ,    //系统时钟,频率为125MHz
input  bit       sys_reset                    ,    //系统复位,高电平有效
input  bit       i_send_enable                ,    //用户中断请求
input  shortint  cfg_command                  ,    //中断调试信息
output logic     cfg_interrupt                ,    //发送中断请求
input  logic     cfg_interrupt_rdy            ,    //发送中断请求应答
output logic     cfg_interrupt_assert         ,    //配置传统中断有效/无效置位选择
output byte      cfg_interrupt_di             ,    //配置中断数据输入
input  byte      cfg_interrupt_do             ,    //配置中断数据输出
input  logic[2:0]cfg_interrupt_mmenable       ,    //配置中断多消息使能
input  logic     cfg_interrupt_msienable      ,    //配置中断 MSI 使能
input  logic     cfg_interrupt_msixenable     ,    //配置中断 MSI-X 使能
input  logic     cfg_interrupt_msixfm         ,    //配置中断 MSI-X 功能掩码
output logic     cfg_interrupt_stat           ,    //配置中断状态
output logic[4:0]cfg_pciecap_interrupt_msgnum); //中断号
logic            i_send_enable1          ;         //用户中断请求 1
logic            i_send_enable2          ;         //用户中断请求 2
logic            interrupt_reg1          ;         //用户中断请求上升沿
logic            cfg_interrupt1          ;         //发送中断请求变量
logic            cfg_interrupt_rdy1      ;         //输入变量
byte             cfg_interrupt_do1       ;         //输入变量
logic  [2:0]     cfg_interrupt_mmenable1 ;         //输入变量
logic            cfg_interrupt_msienable1;         //输入变量
logic            cfg_interrupt_msixfm1   ;         //输入变量
shortint         cfg_command1            ;         //输入变量
//寄存输入信号
always @(posedge sys_clk)begin
  if(sys_reset)begin
    cfg_interrupt_rdy1        <= 'd0;
    cfg_interrupt_do1         <= 'd0;
    cfg_interrupt_mmenable1 <= 'd0;
    cfg_interrupt_msienable1 <= 'd0;
    cfg_interrupt_msixfm1    <= 'd0;
    cfg_command1               <= 'd0;
```

```
        end
      else begin
        cfg_interrupt_rdy1         <= cfg_interrupt_rdy;
        cfg_interrupt_do1          <= cfg_interrupt_do;
        cfg_interrupt_mmenable1    <= cfg_interrupt_mmenable;
        cfg_interrupt_msienable1   <= cfg_interrupt_msienable;
        cfg_interrupt_msixfm1      <= cfg_interrupt_msixfm;
        cfg_command1               <= cfg_command;
      end
    end
    //寄存用户中断请求
    always @(posedge sys_clk)begin
      if(sys_reset)begin
        i_send_enable1 <= 'd0;
        i_send_enable2 <= 'd0;
      end
      else begin
        i_send_enable1 <= i_send_enable;
        i_send_enable2 <= i_send_enable1;
      end
    end
    //用户中断请求上升沿检测
    always @(posedge sys_clk)begin
      if(sys_reset)
        interrupt_reg1 <= 'd0;
      else if(!i_send_enable2 && i_send_enable1)        //上升沿
        interrupt_reg1 <= 'd1;
      else
        interrupt_reg1 <= 'd0;
    end
    //发送中断请求
    always @(posedge sys_clk)begin
      if(sys_reset)
        cfg_interrupt <= 'd0;
      //发送中断请求应答时，释放发送中断请求
      else if(cfg_interrupt_rdy)
        cfg_interrupt <= 'd0;
      //用户中断请求上升沿，发送中断请求
      else if(interrupt_reg1)
        cfg_interrupt <= 'd1;
    end
    assign cfg_interrupt_assert         = 1'b0;
    assign cfg_interrupt_stat           = 1'd0;
    assign cfg_pciecap_interrupt_msgnum = 'h5 ;
    assign cfg_interrupt_di             = 'h0 ;
    endmodule
```

🔔 **注意**：PCIE 中断模块支持 MSI 类型中断，FPGA 作为根节点主动发送中断给处理器，处理器收到中断后立即响应 FPGA 中断，FPGA 收到中断响应后清除中断发送请求。

8.2.4　PCIE 通信功能仿真

1．PCIE寄存器模块仿真

1）PCIE 寄存器模块激励设计

使用 System Verilog 语言编写 PCIE 寄存器模块仿真激励程序如下：

```verilog
//时间尺度预编译指令
`timescale 1ns / 1ps
//模块名称为pcie_memory_ctrl_tb
module pcie_memory_ctrl_tb();
reg        sys_clk              ;      //仿真时钟，频率为125MHz
reg        sys_reset            ;      //仿真复位，高电平复位
reg [7:0]  sim_cnt              ;      //仿真计数器
reg        Memory_wr_en         ;      //PCIE IP核寄存器写使能
reg [26:0] Memory_waddr         ;      //PCIE IP核寄存器写地址
reg [31:0] Memory_wdata         ;      //PCIE IP核寄存器写数据
reg        Memory_rd_en         ;      //PCIE IP核寄存器读使能
reg [26:0] Memory_raddr         ;      //PCIE IP核寄存器读地址
wire [31:0] Memory_rdata        ;      //PCIE IP核寄存器读数据
wire       Memory_rdata_en      ;      //PCIE IP核寄存器读数据有效
wire       pcie_wr_valid        ;      //用户寄存器读/写使能
//用户寄存器读/写命令，01为写操作，10为读操作
wire [01:0] pcie_wr             ;
wire [31:0] pcie_wr_addr        ;      //用户寄存器读/写地址
wire [31:0] pcie_wdata          ;      //用户寄存器写数据
reg [31:0] pcie_rdata           ;      //用户寄存器读数据
reg        pcie_rdata_valid     ;      //用户寄存器读数据有效
//所有变量初始化
initial begin
  Memory_wr_en     = 0;
  Memory_waddr     = 0;
  Memory_wdata     = 0;
  Memory_rd_en     = 0;
  Memory_raddr     = 0;
  pcie_rdata       = 0;
  pcie_rdata_valid = 0;
  sys_clk          = 0;
  sys_reset        = 1;
  #100
  sys_reset        = 0;
end
//产生125MHz时钟激励
always #4 sys_clk = !sys_clk;
//计数器0~100递增计数
always @(posedge sys_clk)begin
  if(sys_reset)
    sim_cnt <= 'd0;
  else if(sim_cnt == 'd100)
    sim_cnt <= 'd100;
  else
    sim_cnt <= sim_cnt + 1;
end
//读/写寄存器时序控制
always @(posedge sys_clk)begin
  if(sys_reset)begin
    Memory_wr_en      <= 'd0;
    Memory_waddr      <= 'd0;
    Memory_wdata      <= 'd0;
    Memory_rd_en      <= 'd0;
    Memory_raddr      <= 'd0;
    pcie_rdata        <= 'd0;
    pcie_rdata_valid  <= 'd0;
  end
  else if(sim_cnt == 'd10)begin                    //写寄存器
```

```
      Memory_wr_en      <= 'd1;
      Memory_waddr      <= 'd2;
      Memory_wdata      <= 'h01020304;
    end
    else if(sim_cnt == 'd15)begin              //读寄存器
      Memory_rd_en      <= 'd1;
      Memory_raddr      <= 'd2;
    end
    else if(sim_cnt == 'd20)begin
      pcie_rdata        <= 'h01020304;
      pcie_rdata_valid <= 'd1;
    end
    else begin
      Memory_wr_en      <= 'd0;
      Memory_rd_en      <= 'd0;
      pcie_rdata_valid <= 'd0;
    end
  end
//例化 pcie_memory_ctrl 模块
pcie_memory_ctrl pcie_memory_ctrl(
  .sys_clk            (sys_clk            ),
  .sys_rst_n          (!sys_reset         ),
  .Memory_wr_en       (Memory_wr_en       ),
  .Memory_waddr       (Memory_waddr       ),
  .Memory_wdata       (Memory_wdata       ),
  .Memory_rd_en       (Memory_rd_en       ),
  .Memory_raddr       (Memory_raddr       ),
  .Memory_rdata       (Memory_rdata       ),
  .Memory_rdata_en    (Memory_rdata_en    ),
  .pcie_wr_valid      (pcie_wr_valid      ),
  .pcie_wr            (pcie_wr            ),
  .pcie_wr_addr       (pcie_wr_addr       ),
  .pcie_wdata         (pcie_wdata         ),
  .pcie_rdata         (pcie_rdata         ),
  .pcie_rdata_valid   (pcie_rdata_valid ));
endmodule
```

⌂注意：在进行寄存器模块仿真时，应将所有的输入变量初始化，所有的输出变量需要连线，否则仿真时会出现红线（不定态）和蓝线（高阻态）。

2）PCIE 寄存器模块仿真波形

使用 Vivado 2019.1 软件对 PCIE 寄存器模块进行功能仿真，仿真波形如图 8.52 所示。

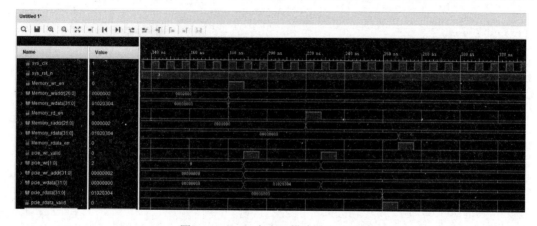

图 8.52　PCIE 寄存器模块仿真波形

从仿真波形可以看出，PCIE 寄存器写操作时，写地址为 0x2，写数据为 0x01020304，PCIE 寄存器读操作时，读地址为 0x2，读数据为 0x01020304，读写同一个地址且读写数据一致，验证了 PCIE 寄存器模块功能的正确性。

2．PCIE中断模块仿真

1）PCIE 中断模块激励设计

使用 System Verilog 语言编写 PCIE 中断模块仿真激励程序如下：

```
//时间尺度预编译指令
`timescale 1ns / 1ps
//模块名称为 pcie_interrupt_tb
module pcie_interrupt_tb();
reg        sys_clk                    ;        //仿真时钟，频率为 125MHz
reg        sys_reset                  ;        //仿真复位，高电平复位
reg [7:0]  sim_cnt                    ;        //仿真计数器
reg        i_send_enable              ;        //中断请求
reg        cfg_interrupt_rdy          ;        //中断请求应答
wire       cfg_interrupt              ;        //内部输出变量
wire       cfg_interrupt_assert       ;        //内部输出变量
wire [7:0] cfg_interrupt_di           ;        //内部输出变量
wire       cfg_interrupt_stat         ;        //内部输出变量
wire [4:0] cfg_pciecap_interrupt_msgnum;       //内部输出变量
//所有变量初始化
initial begin
  sys_clk           = 0;
  sys_reset         = 1;
  cfg_interrupt_rdy = 0;
  #100
  sys_reset         = 0;                        //产生复位激励
end
//产生 125MHz 时钟激励
always #4 sys_clk = !sys_clk;
//计数器 0~100 递增计数
always @(posedge sys_clk)begin
  if(sys_reset)
    sim_cnt <= 'd0;
  else if(sim_cnt == 'd100)
    sim_cnt <= 'd100;
  else
    sim_cnt <= sim_cnt + 1;
end
//中断上报请求激励
always @(posedge sys_clk)begin
  if(sys_reset)
    i_send_enable <= 'd0;
  else if(sim_cnt == 'd18)
    i_send_enable <= 'd1;
  else
    i_send_enable <= 'd0;
end
//中断上报请求应答激励
always @(posedge sys_clk)begin
  if(sys_reset)
    cfg_interrupt_rdy <= 'd0;
  else if(sim_cnt == 'd28)
```

```
        cfg_interrupt_rdy <= 'd1;
     else
        cfg_interrupt_rdy <= 'd0;
     end
  //例化 pcie_interrupt 模块
  pcie_interrupt  pcie_interrupt(
     .sys_clk                            (sys_clk                    ),
     .sys_reset                          (sys_reset                  ),
     .i_send_enable                      (i_send_enable              ),
     .cfg_command                        (16'h1234                   ),
     .cfg_interrupt                      (cfg_interrupt              ),
     .cfg_interrupt_rdy                  (cfg_interrupt_rdy          ),
     .cfg_interrupt_assert               (cfg_interrupt_assert       ),
     .cfg_interrupt_di                   (cfg_interrupt_di           ),
     .cfg_interrupt_do                   (8'h00                      ),
     .cfg_interrupt_mmenable             (3'd0                       ),
     .cfg_interrupt_msienable            (1'b1                       ),
     .cfg_interrupt_msixenable           (1'b0                       ),
     .cfg_interrupt_msixfm               (1'b0                       ),
     .cfg_interrupt_stat                 (cfg_interrupt_stat         ),
     .cfg_pciecap_interrupt_msgnum       (cfg_pciecap_interrupt_msgnum));
  endmodule
```

注意：进行中断模块仿真时，应将所有的输入变量初始化，将所有的输出变量连线，否则仿真时会出现红线（不定态）和蓝线（高阻态）。

2）PCIE 中断模块仿真波形

使用 Vivado 2019.1 软件对 PCIE 中断模块进行功能仿真，仿真波形如图 8.53 所示。

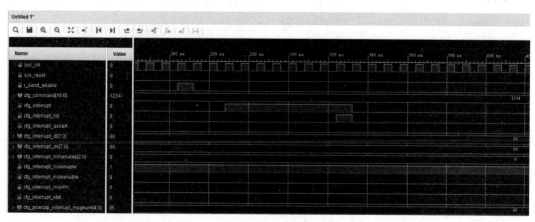

图 8.53　PCIE 中断处理模块仿真波形

从仿真波形可以看出，当用户中断发送使能（i_send_enable）有效后，PCIE 中断模块发送中断请求（cfg_interrupt），过一段时间后，PCIE IP 核响应中断请求（cfg_interrupt_rdy），验证了 PCIE 中断模块功能的正确性。

8.2.5　PCIE 接口硬件调试

使用 Vivado 软件进行 PCIE 接口硬件调试，这里参考 Xilinx FPGA PCIE 样例工程进行硬件调试。该样例仅支持 PCIE 寄存器读写功能，不支持 PCIE 中断发送功能，用户只需要在该样例工程中添加 PCIE 中断模块就可以实现 PCIE 中断发送功能。

1．PCIE样例工程建立

（1）使用 Vivado 2019.1 创建工程，如图 8.54 所示。

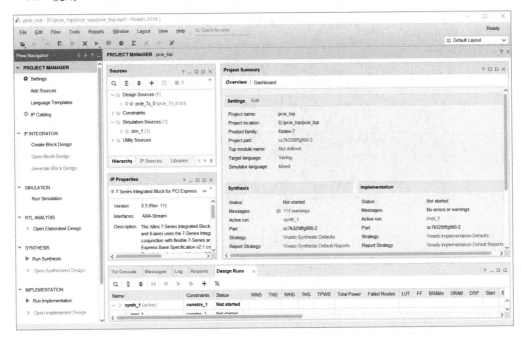

图 8.54　PCIE IP 核

（2）选中 PCIE IP 核并右击，然后选择快捷菜单中的 Open IP example Design 命令，如图 8.55 所示。

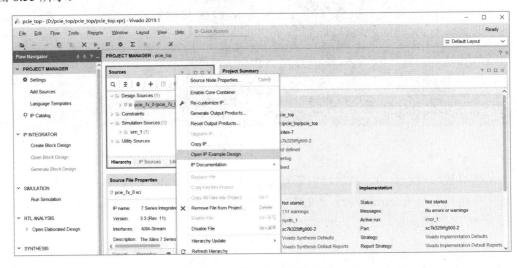

图 8.55　建立 PCIE 样例工程 1

（3）在弹出的对话框中选择安装路径 D:/pcie_top，然后单击 OK 按钮生成 PCIE 样例工程，如图 8.56 所示。

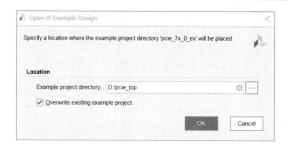

图 8.56　建立 PCIE 样例工程 2

创建的 PCIE 样例工程如图 8.57 所示。

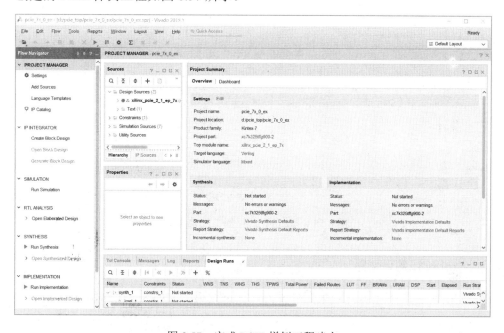

图 8.57　完成 PCIE 样例工程建立

PCIE 样例工程设计文件结构如图 8.58 所示。

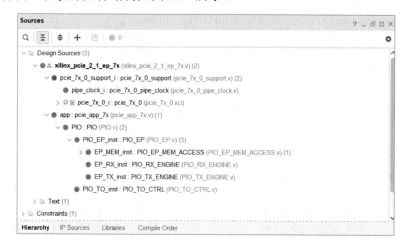

图 8.58　PCIE 样例工程设计文件结构

2. 添加PCIE设计文件

在 PCIE 样例工程中添加 PCIE 中断模块和 PCIE 寄存器模块，如图 8.59 所示。

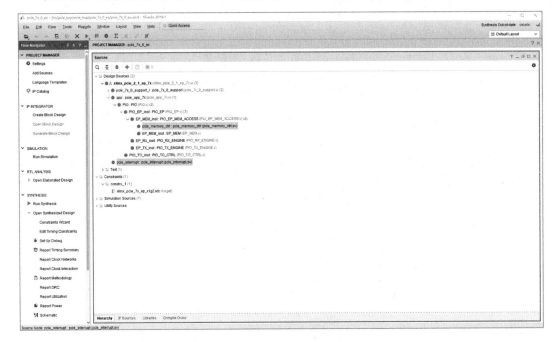

图 8.59　添加 PCIE 样例工程设计文件

3. 添加PCIE约束文件

在 PCIE 样例工程中打开约束文件并添加如下约束，如图 8.60 所示。

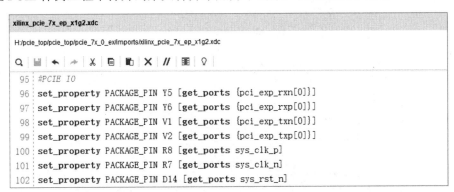

图 8.60　添加 PCIE 样例工程约束文件

4. 添加PCIE接口Debug信号

在 PCIE 样例工程中标记需要观察的 Debug 信号，如图 8.61 所示。

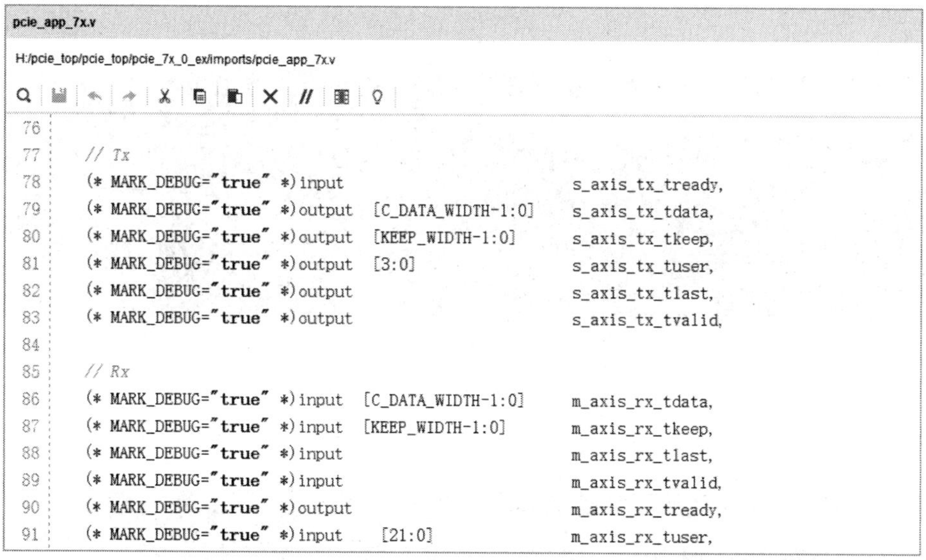

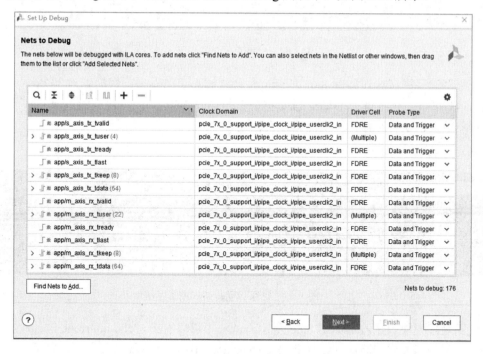

图 8.61　标记 Debug 信号

然后添加 Debug 信号，将标记信号加至 Debug 列表中，如图 8.62 所示。

图 8.62　添加 Debug 信号

5．调试波形分析

使用 Vivado 2019.1 软件生成 PCIE 接口 bit 文件，然后将该文件下载到 FPGA 开发板或者 FPGA 硬件板卡上。通过 Vivado 的 Hardwave Manager 可以看到 PCIE Debug 信号的状态。PCIE 寄存器写操作和读操作调试波形如图 8.63 和图 8.64 所示。

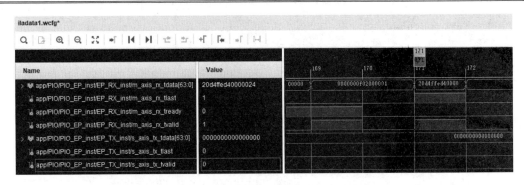

图 8.63　写寄存器调试波形

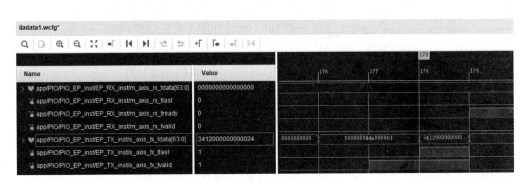

图 8.64　读寄存器调试波形

寄存器读写调试波形如图 8.65 所示。从调试波形可以看出，写地址为 11'dq，写数据为 32'h34120000，读地址为 11'dq，读数据为 32'h34120000，对于同一地址来说，写数据和读数据相等，证明寄存器读写功能符合设计预期。

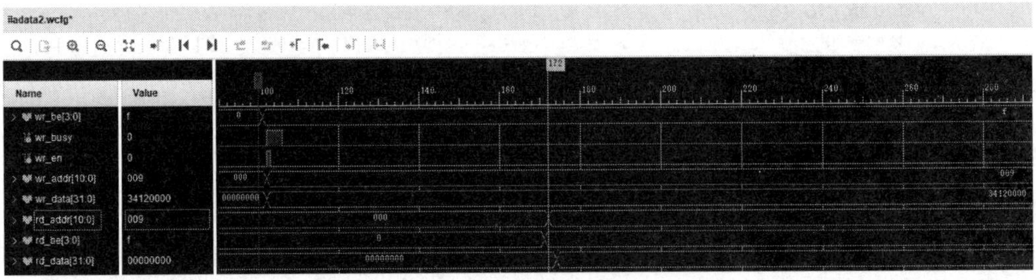

图 8.65　寄存器读写调试波形

中断处理模块调试波形如图 8.66 所示。从波形可以看出，cfg_interrupt 信号从低电平变为高电平表示发送中断成功，接着 cfg_interrupt_rdy 信号从低电平变为高电平，表示响应成功。从发送中断到中断响应，说明中断处理模块逻辑功能正确，符合设计预期。

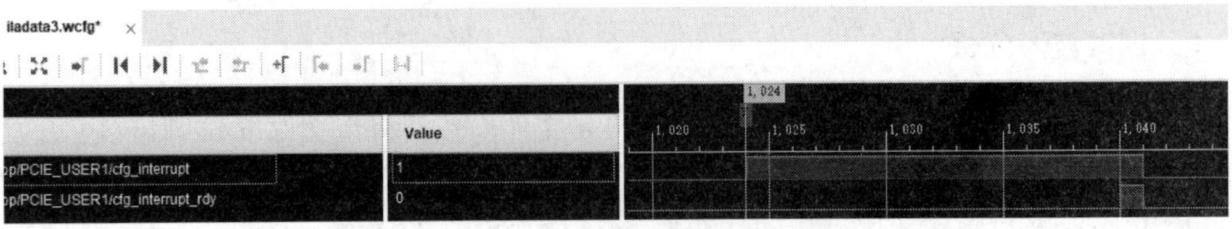

图 8.66　中断处理模块调试波形

8.3　本 章 习 题

1. RAM 分为多少种类型？常用的 DRAM 有哪些？
2. DDR3 IP 核基本结构包括哪些部分？
3. DDR3 IP 核定制流程是什么？
4. PCIE 体系结构分为几层？分别是什么？
5. PCIE IP 核基本结构包括哪些部分？
6. ILA IP 核定制流程是什么？

第9章 FPGA 硬件调试

本章将介绍 FPGA 调试的基本概念和使用 Vivado 进行硬件调试的流程，MMCM IP 核、VIO IP 核和 ILA IP 核的定制和使用方法，然后以一个闪烁灯为例，介绍使用 Vivado 进行硬件调试的流程。

本章的主要内容如下：

❑ FPGA 硬件调试介绍。

❑ Xilinx FPGA 调试 IP 介绍。

❑ ILA IP 核的工作原理。

❑ 如何利用 MMCM IP 核产生 50MHz 用户时钟？

❑ 使用 Vivado 进行硬件调试的流程介绍。

9.1 FPGA 硬件调试概述

硬件调试是 FPGA 设计流程的最后一个环节，也是最重要的一个环节，从一个研发周期来看，设计所占的比重其实很小，耗费设计人员大量的时间和精力的往往是仿真和调试环节。在线 FPGA 调试方法有两种：使用嵌入式逻辑分析仪及使用外部逻辑分析仪。从成本与灵活性上分析，大多数 FPGA 厂商提供了嵌入式逻辑分析仪内核，其价格要低于全功能外部逻辑分析仪，具体选择使用哪种方法取决于项目的调试需求。

Xilinx FPGA 厂商提供的嵌入式逻辑分析仪是 ILA IP 核（ChipScope Pro），它具有传统逻辑分析仪的功能，可以观察 FPGA 内部的任何信号，触发条件、数据宽度和深度等设置也非常方便，而且价格便宜，在实际工作中应用得很广泛。本节主要介绍 FPGA 硬件调试定义和 FPGA 调试知识产权。

9.1.1 FPGA 硬件调试简介

FPGA 硬件调试是指将 FPGA 生成的流文件（bit 文件）通过下载器烧录或者固化到 FPGA 或 Flash 中，通过在线逻辑分析仪抓取实时信号来验证逻辑功能是否满足预期，或者通过系统测试来验证逻辑设计的正确性。

9.1.2 FPGA 调试 IP 核

在 FPGA 项目或产品设计中，硬件的诊断和校验可能会占用开发周期的 30%~40%，FPGA 的硬件调试也是 FPGA 设计的重要一环，熟练掌握 FPGA 设计工具的 Debug 功能也是加快 FPGA 设计的关键。

对于 Xilinx FPGA 厂商提供的开发软件，Vivado 和 ISE 都有相应的调试 IP 核，这些调试 IP 核属于 FPGA 调试的一部分。例如，使用 ILA IP 核可以在线观察 FPGA 内部信号，使用 VIO IP 核可以通过虚拟按键输出相关信号。

1. VIO IP核简介

VIO（Virtual Input Output，虚拟输入输出）的输出可以控制模块的输入，VIO 的输入可以显示模块的输出值。如果 FPGA 硬件板卡无硬件按键，可以使用 VIO IP 核控制内部逻辑输入或者查看关键信号输出值，VIO IP 核的连接示意如图 9.1 所示。

2. ILA IP核简介

Xilinx FPGA 开发软件 Vivado 在线调试 IP 核是 ILA。ILA 是 Vivado 下的一个 Debug IP 核，类似于片上逻辑分析仪，通过在 RTL 设计中嵌入 ILA IP 核，可以抓取信号的实时波形，帮助设计人员定位问题。

ILA IP 核可以把用户指定的信号存入 FPGA 片内的 RAM 中，然后实时读取出来并以波形的形式显示。ILA IP 核的使用示意如图 9.2 所示。

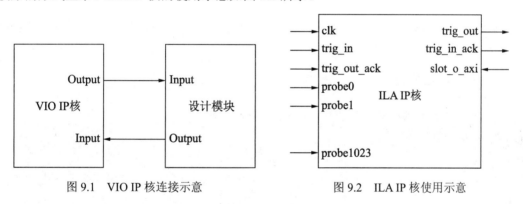

图 9.1　VIO IP 核连接示意　　　　图 9.2　ILA IP 核使用示意

9.2　闪烁灯硬件调试

本节通过一个闪烁灯实例，详细介绍使用 Vivado 进行硬件调试的基本流程，包括闪烁灯逻辑系统设计（逻辑模块划分）、闪烁灯代码设计、闪烁灯约束设计、闪烁灯时钟 IP 核定制、闪烁灯调试 IP 核定制、闪烁灯逻辑综合与实现、闪烁灯芯片编程与在线编程调试。

通过闪烁灯硬件调试介绍，可以让读者快速掌握 FPGA 设计流程及使用 Vivado 进行硬件调试的基本流程。

9.2.1　闪烁灯系统设计

基于 Xilinx FPGA 闪烁灯逻辑设计主要分为三个模块，分别为时钟模块、闪烁灯模块和调试模块，如图 9.3 所示。

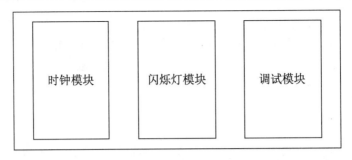

图 9.3　闪烁灯逻辑框架

- 时钟模块：利用 MMCM IP 核实现，对输入 100MHz 差分时钟进行分频，产生 50MHz 用户时钟。
- 闪烁灯模块：实现 1s 的 LED 灯闪烁功能。
- 调试模块：利用 ILA IP 核实现，在 ILA IP 核中添加闪烁灯调试信号，进行闪烁灯在线硬件调试。

9.2.2　闪烁灯程序设计

本节将以闪烁灯为例介绍使用 Vivado 进行硬件调试的基本流程，闪烁灯硬件调试文件包括闪烁灯设计文件和闪烁灯约束文件。

1．闪烁灯程序设计

（1）使用 Verilog HDL 编写闪烁灯顶层模块程序如下：

```
//时间尺度预编译指令
`timescale 1ns / 1ps
//模块名称为 top
module top(
input  clk100_p ,          //差分时钟（正相位），频率为 100MHz
input  clk100_n ,          //差分时钟（负相位），频率为 100MHz
output o_led   );          //LED 灯
wire  clk_50MHz ;          //内部 50MHz 时钟
wire  locked   ;           //内部变量
//例化 mmcm_led 模块
mmcm_led mmcm_led(
  .clk_out1 (clk_50MHz ),
  .reset    (1'b0      ),
  .locked   (locked    ),
  .clk_in1_p (clk100_p ),
  .clk_in1_n (clk100_n ));
//例化 led 模块
led  led(
  .sys_clk   (clk_50MHz ),
  .sys_reset (!locked   ),
  .o_led     (o_led     ));
//例化 led_ila 模块
led_ila    led_ila (
  .clk      (clk_50MHz  ),
  .probe0   (o_led      ));
endmodule
```

△注意：时钟 IP 核（mmcm_led）和调试 IP 核（led_ila）属于 Xilinx 时钟知识产权，mmcm_led
　　　和 led_ila 的定制方法参考 9.2.3 节。

（2）使用 Verilog HDL 编写闪烁灯模块的程序如下：

```
//时间尺度预编译指令
`timescale 1ns / 1ps
//模块名称为 led
module      led(
input       sys_clk       ,              //系统时钟，频率为 50MHz
input       sys_reset     ,              //系统复位，高电平有效
output reg  o_led         );             //LED 灯

reg [31:0] led_cnt        ;              //秒灯计数器

//当秒灯计数器计数到 1s 时，清零秒灯计数器
always @(posedge sys_clk)begin
  if(sys_reset)
    led_cnt <= 'd0;
  else if(led_cnt == 32'd50_000_000 - 1'b1)
    led_cnt <= 'd0;
  else
    led_cnt <= led_cnt + 'd1;
end
//当秒灯计数器计数到 1s 时，LED 进行非运算（每秒进行一次非运算，达到亮灯和灭灯的效果）
always @(posedge sys_clk)begin
  if(sys_reset)
    o_led <= 'd0;
  else if(led_cnt == 32'd50_000_000 - 1'b1)
    o_led <= ~o_led;
end
endmodule
```

△注意：在 led_cnt == 32'd50_000_000 - 1'b1 中，减 1 的目的是 1s 精准计数，因为计数器
　　　是从 0 开始的，如果不减 1 则会多计 1 个数。

2. 闪烁灯约束设计

闪烁灯约束文件如下：

```
#差分时钟管脚与周期约束（100MHz）
create_clock -period 10.000 -name clk100_p [get_ports clk100_p]
set_property PACKAGE_PIN AH4 [get_ports clk100_p]
set_property PACKAGE_PIN AJ4 [get_ports clk100_n]
#LED 管脚约束
set_property PACKAGE_PIN D14 [get_ports {o_led}]
set_property IOSTANDARD LVCMOS33 [get_ports {o_led}]
```

9.2.3　闪烁灯硬件调试

使用 Vivado 2019.1 软件进行闪烁灯硬件调试主要分为 6 步，分别为创建工程、添加设计文件与约束文件、闪烁灯 IP 核定制、逻辑综合与布局布线、生成 bit 文件和闪烁灯硬件调试。

1．创建工程

（1）打开 Vivado 2019.1 软件，如图 9.4 所示。选择 Creat Project 进入下一步，如图 9.5 所示。

图 9.4　使用 Vivado 创建工程 1

图 9.5　使用 Vivado 创建工程 2

（2）单击 Next 按钮进入下一步，如图 9.6 所示。在其中设置工程名称为 led_top，设置工程路径为 H:/led_top，并勾选 Create project subdirectory 复选框，然后单击 Next 按钮进入下一步，如图 9.7 所示。

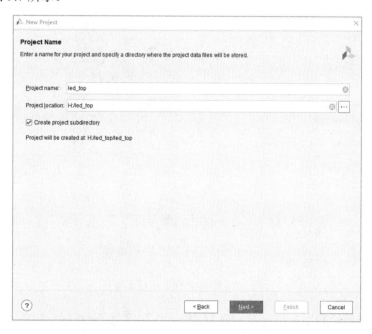

图 9.6　使用 Vivado 创建工程 3

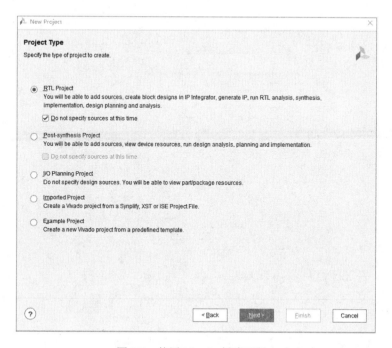

图 9.7　使用 Vivado 创建工程 4

（3）在其中选择 RTL Project 并勾选 Do not specify sources at this time 复选框，单击 Next 按钮进入下一步，如图 9.8 所示。

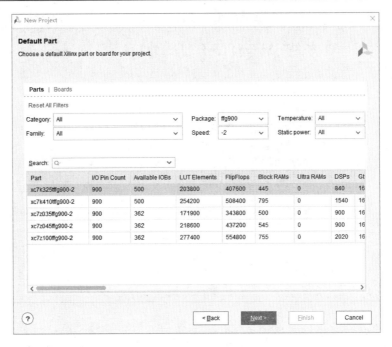

图 9.8　使用 Vivado 创建工程 5

（4）在其中选择 FPGA 型号为 xc7k325tffg900-2，单击 Next 按钮进入下一步，如图 9.9 所示。

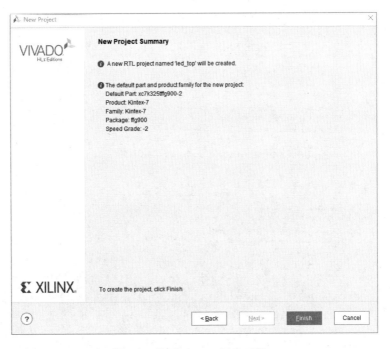

图 9.9　使用 Vivado 创建工程 6

（5）单击 Finish 按钮闪烁灯工程创建完成，如图 9.10 所示。

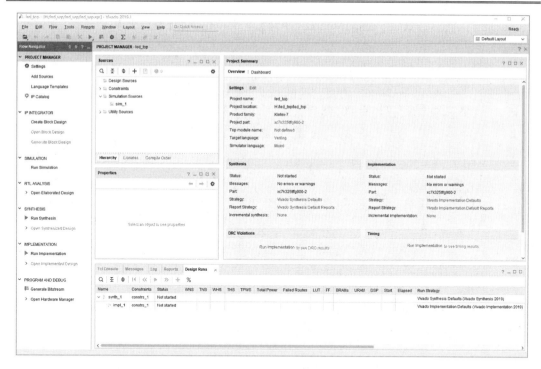

图 9.10 完成工程创建

2．添加闪烁灯设计文件与约束文件

1）添加闪烁灯设计文件

Vivado 既可以创建新文件也可以添加已有的设计文件，这里选择添加已有的设计文件 led_top.v 和 led.v。

（1）在 Sources 窗口的任意位置右击，在弹出的快捷菜单中选择 Add sources 命令弹出的对话框如图 9.11 所示。

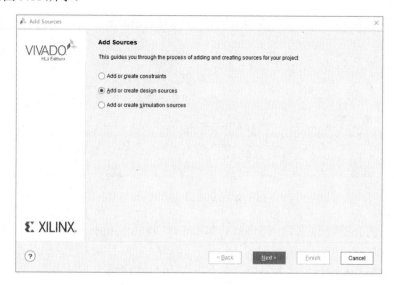

图 9.11 使用 Vivado 添加设计文件 1

（2）选择 Add or create design sources 单选按钮，单击 Next 按钮进入下一步，如图 9.12 所示。

图 9.12　使用 Vivado 添加设计文件 2

（3）在其中单击 Add Files 按钮弹出添加设计文件对话框，如图 9.13 所示。

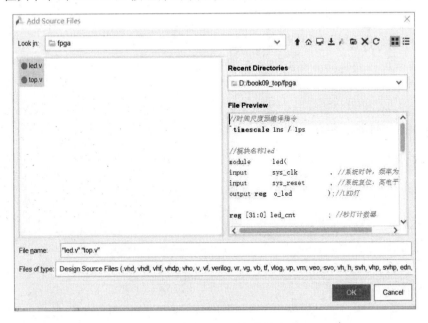

图 9.13　使用 Vivado 添加设计文件 3

（4）选择已有的设计文件 led_top.v 和 led.v，单击 OK 按钮进入下一步，如图 9.14 所示。

（5）单击 Finish 按钮完成设计文件的添加，如图 9.15 所示。

图 9.14　使用 Vivado 添加设计文件 4

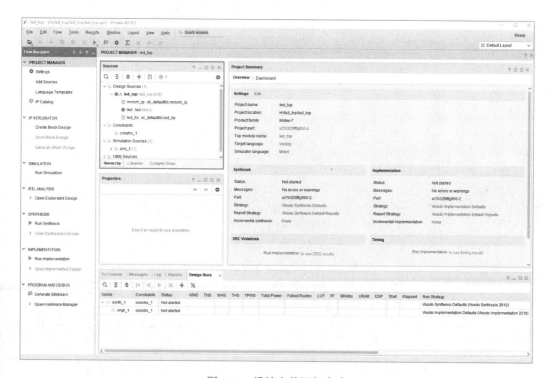

图 9.15　设计文件添加完成

2）添加闪烁灯约束文件

Vivado 既可以创建新文件也可以添加已有的设计文件，这里选择添加已有的设计文件 led_top.xdc。

（1）在 Sources 窗口任意位置右击，在弹出的快捷菜单中选择 Add sources 命令，弹出的对话框如图 9.16 所示。

（2）在其中选择 Add or create constraints 单选按钮，单击 Next 按钮进入下一步，如图 9.17 所示。

（3）在其中单击 Add Files 按钮弹出添加约束文件对话框，如图 9.18 所示。

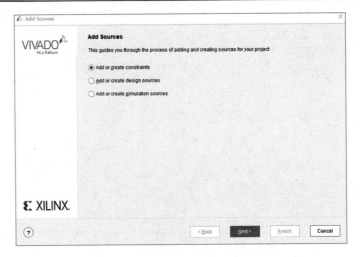

图 9.16　使用 Vivado 添加约束文件 1

图 9.17　使用 Vivado 添加约束文件 2

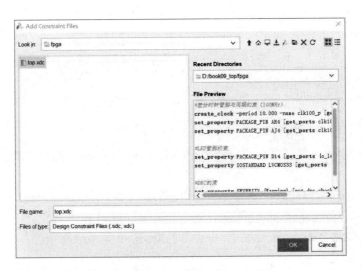

图 9.18　使用 Vivado 添加约束文件 3

（4）选择已有的设计文件 top.xdc，单击 OK 按钮进入下一步，如图 9.19 所示。

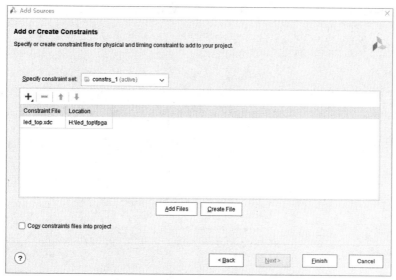

图 9.19　使用 Vivado 添加约束文件 4

（5）单击 Finish 按钮，约束文件添加完成，如图 9.20 所示。

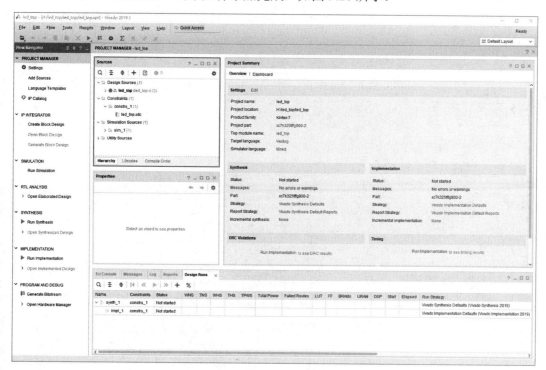

图 9.20　约束文件添加完成

3. 闪烁灯 IP 核定制

闪烁灯硬件需要两个 IP 核，分别为 MMCM IP 核和 ILA IP 核。

1）MMCM IP 核定制

利用 Vivado 2019.1 软件定制 MMCM IP 核，MMCM IP 核配置参数如图 9.21 至图 9.25 所示。

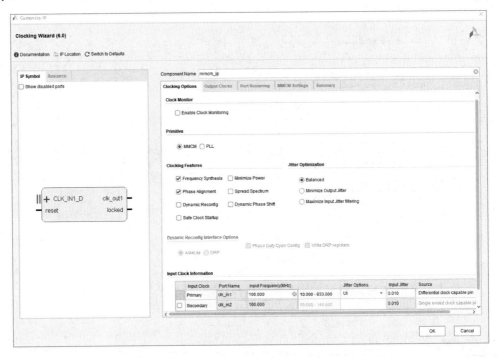

图 9.21　MMCM IP 核定制 1

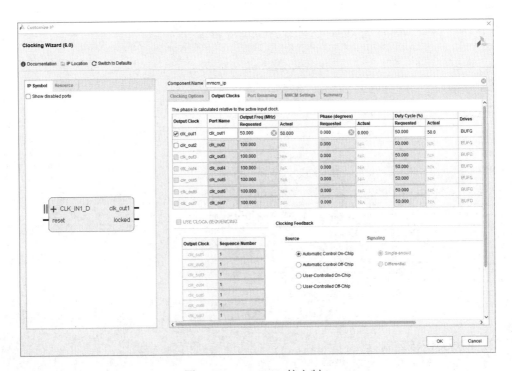

图 9.22　MMCM IP 核定制 2

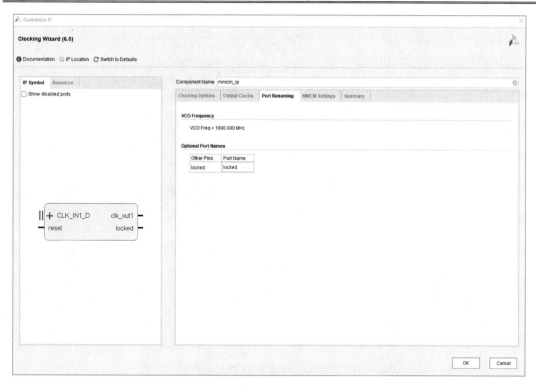

图 9.23　MMCM IP 核定制 3

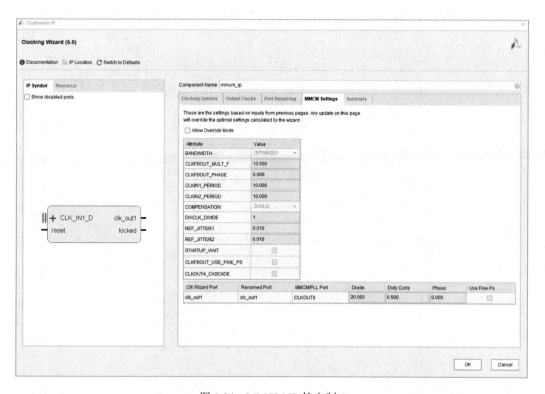

图 9.24　MMCM IP 核定制 4

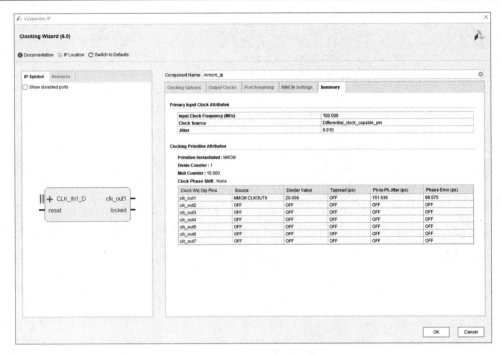

图 9.25　MMCM IP 核定制 5

2）ILA IP 核定制

利用 Vivado 2019.1 软件定制 ILA IP 核，ILA IP 核配置参数如图 9.26 和图 9.27 所示。

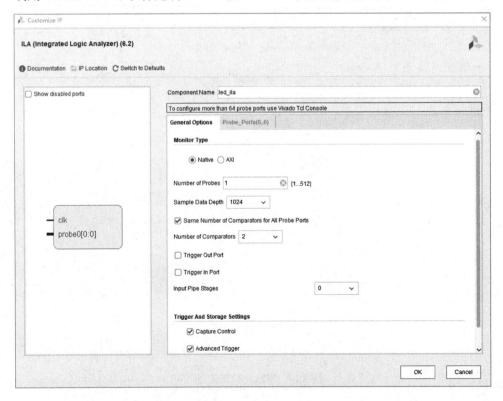

图 9.26　ILA IP 核定制 1

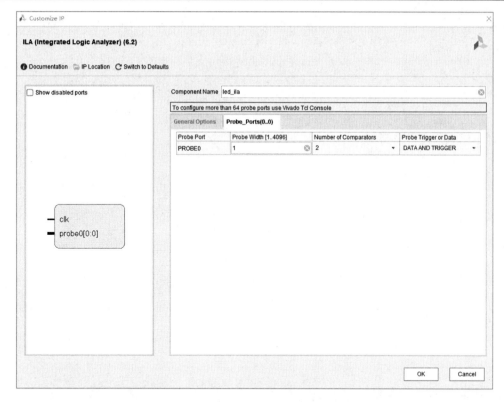

图 9.27　ILA IP 核定制 2

4. 逻辑综合与布局布线

使用 Vivado 软件对闪烁灯设计文件进行逻辑综合与布局布线，在 Vivado 软件窗口中分别选择 Run Synthesis 和 Run Implementation 选项完成逻辑综合和布局布线，如图 9.28 至图 9.30 所示。

图 9.28　分别选择 Run Synthesis 和
Run Implementation 选项

5. 生成 bit 文件

完成逻辑综合与布局布线之后，就可以生成闪烁灯 bit 文件进行在线调试了。在 Vivado 软件中选择 Generate Bitstream 选项就可以生成闪烁灯 bit 文件。

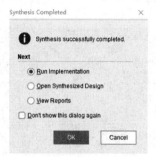

图 9.29　逻辑综合完成

图 9.30　布局布线完成

📑说明：使用 Vivado 生成 bit 文件不需要人工干预，软件会自动完成，如图 9.31 和图 9.32
　　　所示。

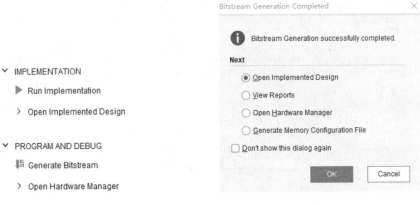

图 9.31　使用 Vivado 生成 bit 文件 1　　　　图 9.32　使用 Vivado 生成 bit 文件 2

6．闪烁灯硬件调试

使用 Vivado 2019.1 软件下载闪烁灯 bit 文件，在线实时抓取 LED 信号进行在线调试与
分析。

1）bit 文件下载流程

（1）在 Vivado 软件窗口中展开 Open Hardware Manager，然后单击 Open Target 按钮，
再单击 Auto Connect 按钮。

（2）选中 FPGA 型号 325t 右击，在弹出的快捷菜单中选择 Program Device 命令。

（3）在弹出的对话框中选择闪烁灯 bit 文件路径，单击 Program 开始下载闪烁灯 bit
文件。

2）调试波形分析

使用 Vivado 2019.1 软件生成闪烁灯 bit 文件，然后将该文件下载到 FPGA 开发板或者
FPGA 硬件板卡上。通过 Vivado 的 Hardwave Manager 可以看到 LED 灯 Debug 信号的状态。
闪烁灯在线调试波形如图 9.33 所示，从调试波形中可以看出 LED 灯正常闪烁符合预期设
计，验证了闪烁灯逻辑设计的正确性。

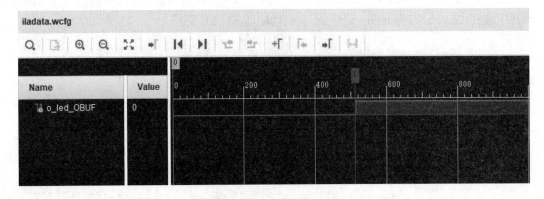

图 9.33　闪烁灯在线调试波形

9.3　本 章 习 题

1．FPGA 硬件调试是什么？

2．Xilinx FPGA 调试 IP 有哪些？分别是什么？

3．ILA IP 核的工作原理是什么？

4．如何利用 MMCM IP 核产生 50MHz 用户时钟？

5．使用 Vivado 进行硬件调试的流程分为几个步骤？分别是什么？

第 10 章 FPGA 开发技巧

本章首先介绍 FPGA 时钟设计与复位设计的方法，以及 FPGA 异步时钟域的 5 种解决方法，然后介绍 FPGA 通用模块设计，主要从 FPGA 接口通用设计、FPGA 内部通用设计、仿真和调试通用设计进行介绍，接着介绍 FPGA 开发检查表，从 FPGA 开发流程着手，对于一个新的需求设计，通过该检查表可以缩短 FPGA 逻辑设计周期，保证逻辑功能满足设计要求，最后将分享一些 FPGA 开发经验，这些经验可以为设计者提供解决问题的思路及方法。

本章的主要内容如下：

❑ FPGA 时钟设计方法介绍。
❑ FPGA 复位设计方法介绍。
❑ FPGA 异步时钟域处理方法介绍。
❑ FPGA 通用模块设计类型介绍。
❑ FPGA 开发检查表介绍。

10.1 FPGA 时钟管理

FPGA 中的各电路工作是依靠时钟驱动的，对于一个逻辑系统设计可能会用到多个不同时钟且每个时钟之间是独立的。那么如何进行时钟管理呢？本节将介绍 3 种常用的时钟设计方法。

10.1.1 使用时钟 IP 核设计时钟

进行 FPGA 时钟设计时，首先考虑使用 FPGA 厂家自带的时钟知识产权（时钟 IP 核）进行系统时钟设计。时钟知识产权基本上能满足用户的要求，不仅可以分频和倍频输出用户需要的时钟，而且稳定性较好。这里介绍两种时钟应用场景。

1）用户时钟数量较少的时钟设计方案

当用户时钟数量少于 4 个时，使用一个时钟 IP 核设计用户时钟即可。例如，用户需要 3 个不同频率的时钟，输入系统时钟为 50MHz，使用时钟知识产权（PPL或 MMCM IP）产生 25MHz、50MHz 和 100MHz 的用户时钟，如图 10.1 所示。

利用 Vivado 2019.1 定制 MMCM IP 核，使用 Verilog编写时钟逻辑功能的程序如下：

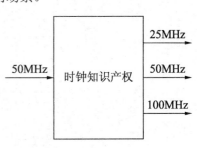

图 10.1 时钟设计架构 1

```
//时间尺度预编译指令
`timescale 1ns / 1ps
//模块名称为clock1
module clock1(
input  i_clk50  ,                    //输入系统时钟50MHz
output o_clk25  ,                    //输出用户时钟25MHz
output o_clk50  ,                    //输出用户时钟50MHz
output o_clk100);                    //输出用户时钟100MHz
wire locked;                         //模块内部变量
//利用MMCM IP核产生3个用户时钟，分别为25MHz、50MHz和100MHz
MMCM_IPcore MMCM_IPcore(
  .clk_out1 (o_clk25 ),
  .clk_out2 (o_clk50 ),
  .clk_out3 (o_clk100),
  .reset    (1'b0    ),
  .locked   (locked  ),
  .clk_in1  (i_clk50));
endmodule
```

注意：MMCM_IPcore 属于 Xilinx 时钟知识产权，MMCM_IPcore 的定制方法参考 5.1 节。

2）用户时钟数量较多的时钟设计方案

当用户时钟数量多于 4 个时，可以使用两个时钟 IP 核设计用户时钟。例如，用户需要 5 个不同频率的时钟，输入系统时钟为 50MHz，使用时钟知识产权（PPL 或 MMCM IP）可以产生 25MHz、50MHz、100MHz、125MHz 和 200MHz 的用户时钟，如图 10.2 所示。

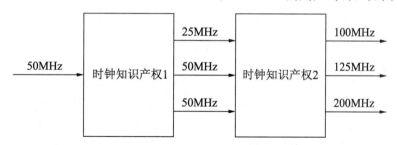

图 10.2　时钟设计架构 2

使用两个时钟 IP 核产生多个用户时钟是为了增强每个时钟的驱动能力。利用 Vivado 2019.1 定制 MMCM IP 核，使用 Verilog 编写时钟逻辑功能的程序如下：

```
//时间尺度预编译指令
`timescale 1ns / 1ps
//模块名称为clock2
module clock2(
input  i_clk50  ,                    //输入系统时钟50MHz
output o_clk25  ,                    //输出用户时钟25MHz
output o_clk50  ,                    //输出用户时钟50MHz
output o_clk100 ,                    //输出用户时钟100MHz
output o_clk125 ,                    //输出用户时钟125MHz
output o_clk200);                    //输出用户时钟200MHz
wire clk50   ;                       //模块内部变量
wire locked1 ;                       //模块内部变量
wire locked2 ;                       //模块内部变量
//利用第1个MMCM IP核产生3个用户时钟，分别为25MHz、50MHz和50MHz
```

```
MMCM_IP1 MMCM_IP1(
  .clk_out1 (o_clk25 ),
  .clk_out2 (clk50   ),
  .clk_out3 (o_clk50 ),
  .reset    (1'b0    ),
  .locked   (locked1 ),
  .clk_in1  (i_clk50 ));
//利用第 2 个 MMCM IP 核产生 3 个用户时钟，分别为 100MHz、125MHz 和 200MHz
MMCM_IP2 MMCM_IP2(
  .clk_out1 (o_clk100 ),
  .clk_out2 (o_clk125 ),
  .clk_out3 (o_clk200 ),
  .reset    (1'b0     ),
  .locked   (locked2  ),
  .clk_in1  (clk50    ));
endmodule
```

注意：MMCM_IP1 和 MMCM_IP2 属于 Xilinx 时钟知识产权，MMCM_IP 的定制方法参考 5.1 节。

10.1.2　使用硬件描述语言设计时钟

使用时钟 IP 核基本可以实现用户的各种时钟，但在有的情况下 IP 核也无能为力，只能使用硬件描述语言或者原语编写时钟模块。例如，用户时钟频率太低（2.5MHz）时，时钟 IP 核就不能产生该时钟频率。

这里介绍一下 2.5MHz 时钟的设计方法。用户可以使用时钟 IP 核产生 25MHz 时钟，再通过 25MHz 系统时钟进行分频产生 2.5MHz 用户时钟，然后通过 BUFG 原语输出 2.5MHz 时钟供设计者使用，如图 10.3 所示。

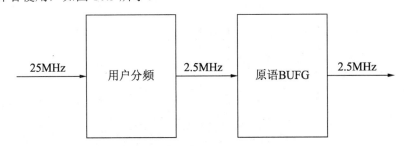

图 10.3　2.5MHz 用户时钟设计架构

使用 System Verilog 硬件描述语言编写 2.5MHz 时钟模块的具体代码如下：

```
//时间尺度预编译指令
`timescale 1ns / 1ps
//模块名称为 clock3
module clock3(
input bit  i_clk   ,          //系统时钟，频率为 25MHz
input bit  i_reset ,          //复位信号，高电平有效
output logic o_clk );         //用户时钟，频率为 2.5MHz
int  clk_cnt ;                //分频计数器
logic clk_temp;               //分频时钟
//25MHz 时钟与 2.5MHz 时钟是 10 倍关系，当分频计数器为 9 时，清零分频计数器
always @(posedge i_clk)begin
```

```
  if(i_reset)
    clk_cnt <= 'd0;
  else if(clk_cnt == 32'd9)
    clk_cnt <= 'd0;
  else
    clk_cnt <= clk_cnt + 'd1;
end
//当分频计数器为 9 时，2.5MHz 用户时钟取反
always @(posedge i_clk)begin
  if(i_reset)
    clk_temp <= 'd0;
  else if(clk_cnt == 32'd9)
    clk_temp <= ~clk_temp;
end
assign o_clk = clk_temp;
endmodule
```

注意：System Verilog 硬件描述语言文件的后缀为.sv，这里分频模块文件为 clock3.sv。

10.1.3　使用时钟原语设计时钟

原语，即 Primitive，类似最底层的描述方法。不同的厂商，原语不同。同一家的 FPGA，不同型号的芯片原语也不一样。利用时钟原语设计时钟一般有 3 种应用场景。

1）输入差分时钟转换

假设输入时钟为 50MHz 差分信号，用户需要输出 50MHz 单端信号，使用原语设计用户时钟即可，如图 10.4 所示。

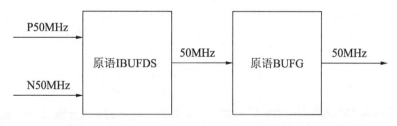

图 10.4　50MHz 用户时钟设计框架 1

利用 Vivado 2019.1 时钟原语使用 Verilog 编写时钟逻辑功能的程序如下：

```
//时间尺度预编译指令
`timescale 1ns / 1ps
//模块名称为 clock4
module clock4(
input i_clk50p ,                //输入差分时钟，频率为 50MHz（正相位）
input i_clk50n ,                //输入差分时钟，频率为 50MHz（负相位）
output o_clk50 );               //输出用户时钟，频率为 50MHz（单端时钟）
wire clk_temp;                   //模块内部变量
//利用 IBUFDS 原语将差分时钟转换为单端时钟 clk_temp
IBUFDS #(
  .DIFF_TERM   ("FALSE"  ),
  .IBUF_LOW_PWR("TRUE"   ),
  .IOSTANDARD  ("DEFAULT" ))
  IBUFDS_inst  (
```

```
 .O          (clk_temp   ),
 .I          (i_clk50p   ),
 .IB         (i_clk50n   ));
//将单端时钟 clk_temp 通过 BUFG 原语输出，增强时钟的驱动能力
 BUFG BUFG_inst (
 .O (o_clk50 ),
 .I (clk_temp));
endmodule
```

🔔注意：IBUFDS 与 BUFG 属于 Xilinx FPGA 厂商提供的原语，原语的好处是可以直接例化使用，不用定制 IP。

2）输入单端时钟转换

假设输入时钟为 50MHz 信号，用户需要输出 50MHz 单端信号，使用原语设计用户时钟即可，如图 10.5 所示。

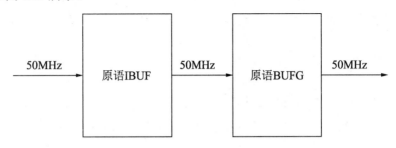

50MHz　→　原语IBUF　50MHz　→　原语BUFG　50MHz　→

图 10.5　50MHz 用户时钟设计框架 2

利用 Vivado 2019.1 时钟原语，使用 Verilog 编写时钟逻辑功能的程序如下：

```
//时间尺度预编译指令
`timescale 1ns / 1ps
//模块名称为 clock5
module clock5(
input i_clk50,                      //输入单端时钟，频率为 50MHz
output o_clk50);                    //输出单端时钟，频率为 50MHz

wire clk_temp;                      //模块内部变量
//利用 IBUF 原语将单端时钟缓存输出
IBUF #(
 .IBUF_LOW_PWR("TRUE"    ),
 .IOSTANDARD  ("DEFAULT" ))
 IBUF_inst    (
 .O          (clk_temp   ),
 .I          (i_clk50    ));
//将单端时钟 clk_temp 通过 BUFG 原语输出，增强时钟的驱动能力
 BUFG BUFG_inst (
 .O (o_clk50 ),
 .I (clk_temp ));
endmodule
```

🔔注意：IBUF 属于 Xilinx FPGA 厂商提供的原语，使用原语可以直接例化，不用定制 IP。

3）输出单端时钟转换

假设输入时钟为 25MHz 信号，用户需要输出 10MHz 单端信号，使用原语设计用户时

钟即可，如图 10.6 所示。

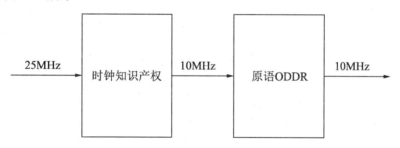

图 10.6　50MHz 用户时钟设计框架 3

利用 Vivado 2019.1 时钟原语和时钟 IP 核，使用 Verilog 编写时钟逻辑功能的程序如下：

```verilog
//时间尺度预编译指令
`timescale 1ns / 1ps
//模块名称为 clock6
module clock6(
input  i_clk25 ,                    //输入单端时钟，频率为 25MHz
output o_clk10 );                   //输出单端时钟，频率为 10MHz（I/O 输出）
wire  locked  ;                     //模块内部变量
wire  clk10   ;                     //模块内部变量
//利用 MMCM IP 核产生一个用户时钟 clk10
MMCM_IPcore MMCM(
  .clk_out1  (clk10   ),
  .reset     (1'b0    ),
  .locked    (locked  ),
  .clk_in1   (i_clk25 ));
//将单端时钟 clk10 通过 ODDR 原语输出，增强时钟的驱动能力
ODDR #(
.DDR_CLK_EDGE("OPPOSITE_EDGE"),
.INIT        (1'b0             ),
.SRTYPE      ("SYNC"           ))
 ODDR_inst   (
.Q           (o_clk10          ),
.C           (clk10            ),
.CE          (1'b1             ),
.D1          (1'b1             ),
.D2          (1'b0             ),
.R           (1'b0             ),
.S           (1'b0             ));
endmodule
```

🔔注意：ODDR 属于 Xilinx FPGA 厂商提供的原语，可以直接例化使用，不用定制 IP。

10.2　FPGA 复位设计

复位对于 FPGA 设计是比较重要的，其目的是让系统从初始状态开始运行，这是保证逻辑功能的前提。如果 FPGA 上电不进行逻辑复位，则 FPGA 可能会按照非预期状态工作，这样会导致系统运行功能紊乱。

如何进行复位设计呢？这里介绍两种方法，分别为使用时钟 IP 核锁存信号进行复位和使用硬件描述语言进行复位。

10.2.1　使用时钟 IP 核锁存信号进行复位

进行 FPGA 逻辑系统设计时，通常使用时钟知识产权（PLL IP 核）产生用户时钟，PLL IP 核输出用户时钟的同时也会输出时钟锁存信号（Locked）。在用户时钟稳定之后，时钟锁存信号会拉高，在用户时钟未稳定之前，时钟锁存信号一直为低。

使用时钟锁存信号 Locked 进行 FPGA 逻辑系统复位也是很合理的，在时钟未稳定之前会一直进行逻辑系统复位，稳定之后会结束逻辑系统复位。

📄说明：设计人员在使用 Xilinx PLL IP 核输出用户时钟时，必须要等待 Locked 信号稳定之后再使用，Locked 信号由低电平变为高电平表示 Xilinx PLL IP 核输出时钟稳定。

10.2.2　使用硬件描述语言进行复位

如果 FPGA 逻辑设计不使用时钟 IP 核，也就是复位不能依靠时钟 IP 核输出的锁存信号，那么，系统如何进行复位设计呢？在这种情况下使用硬件描述语言编写复位模块即可。

假设输入时钟为 50MHz 信号，用户需要 1s 高复位信号，使用 System Verilog 硬件描述语言编写 1s 高复位功能的具体代码如下：

```systemverilog
//时间尺度预编译指令
`timescale 1ns / 1ps
//模块名称为 reset
module reset(
input  bit   i_clk           ,          //输入时钟，频率为 50MHz
output logic o_reset         );          //输出复位，高电平有效
logic [31:0] reset_cnt  = 0;         //时间计数器
bit          reset_temp = 1;         //复位信号
//当时间计数器为 5000_0000 时（计数器 1s）清零计数器
always @(posedge i_clk)begin
  if(reset_cnt == 32'd5000_0000)
    reset_cnt <= 32'd5000_0000;
  else
    reset_cnt <= reset_cnt + 'd1;
end
//当时间计数器为 5000_0000 时（计数器 1s），复位信号 1s 后停止复位
always @(posedge i_clk)begin
  if(reset_cnt == 32'd5000_0000)
    reset_temp <= 1'd0;
  else
    reset_temp <= 1'd1;
end
assign o_reset = reset_temp;
endmodule
```

🔍注意：reset_cnt = 0 与 reset_temp = 1 表示这两个寄存器的初始值分别为 0 和 1。

10.3　FPGA 时钟域处理

跨时钟域处理是在 FPGA 设计中经常遇到的问题，如何处理好跨时钟域间的数据，可以说是每个 FPGA 初学者的必修课。无论数据通信领域还是 IC 设计领域（FPGA 设计、ASIC 设计），跨时钟域的信号都是相当难处理的，如果处理不好，则电路可能进入亚稳态状态，整个电路不能正常工作，而且还可能导致芯片损坏，因此必须通过一些方法进行跨时钟域的处理。

本节将介绍 5 种跨时钟域数据的处理方法，分别为异步 FIFO 处理跨时钟、双端口 RAM 处理跨时钟域、延迟法处理跨时钟域、应答机制处理跨时钟域和格雷码转换处理时钟域。

10.3.1　使用异步 FIFO 处理跨时钟域数据实例

使用异步 FIFO 处理跨时钟域数据是常用的方法，其主要处理大量多 bit 数据时钟域的转换，FIFO 一个端口写数据，另一个端口读数据。例如，用户需要将 50MHz 时钟域中的数据传输到 100MHz 时钟域中使用，示意图如图 10.7 所示。

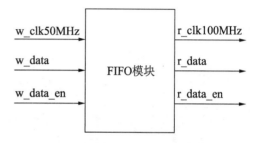

图 10.7　使用异步 FIFO 处理跨时钟域数据示意

这里采用异步 FIFO 处理跨时钟域数据传输，编写 Verilog 代码如下：

```verilog
//时间尺度预编译指令
`timescale 1ns / 1ps
//模块名称为 fifo
module fifo(
input  bit   i_wclk    ,        //写时钟，频率为 50MHz
input  bit   i_rclk    ,        //读时钟，频率为 100MHz
input  bit   i_reset   ,        //复位信号，高电平有效
input  byte  i_data    ,        //写时钟域数据（50MHz）
input  logic i_data_en ,        //写时钟域数据有效
output byte  o_data    ,        //读时钟域数据（100MHz）
output logic o_data_en );       //读时钟域数据有效
bit         full       ;        //FIFO 满信号
bit         rd_en      ;        //FIFO 读信号
logic [7:0] dout       ;        //FIFO 读数据信号
bit         empty      ;        //FIFO 空信号
bit         wr_rst_busy;        //FIFO 写忙信号
bit         rd_rst_busy;        //FIFO 读忙信号
//利用异步 FIFO IP 核实现 50MHz 时钟域数据到 100MHz 时钟域数据的转换
b11_fifo_ip b11_fifo_ip (
  .rst        (i_reset    ),
  .wr_clk     (i_wclk     ),
  .rd_clk     (i_rclk     ),
  .din        (i_data     ),
```

```
  .wr_en        (i_data_en   ),
  .rd_en        (rd_en       ),
  .dout         (dout        ),
  .full         (full        ),
  .empty        (empty       ),
  .wr_rst_busy  (wr_rst_busy ),
.rd_rst_busy  (rd_rst_busy ));
//FIFO 非空时，读出 FIFO 中的数据
always @(posedge i_rclk)begin
  if(i_reset)
    rd_en <= 1'b0;
  else if(!empty && !rd_rst_busy)begin
    if(!rd_en)
      rd_en <= 1'b1;
    else
      rd_en <= 1'b0;
  end
  else rd_en <= 1'b0;
end
//读出 FIFO 中的数据并输出到接口
always @(posedge i_rclk)begin
  if(i_reset)begin
    o_data    <= 'd0;
    o_data_en <= 'd0;
  end
  else if(rd_en)begin
    o_data    <= dout;
    o_data_en <= 'd1;
  end
  else begin
    o_data    <= o_data;
    o_data_en <= 'd0;
  end
end
endmodule
```

⌕注意：b11_fifo_ip 属于 Xilinx 时钟知识产权，FIFO IP 核的定制方法参考 5.2 节。

10.3.2　使用双端口 RAM 处理跨时钟域数据实例

　　使用双端口 RAM 处理跨时钟域数据是常用的方法，其主要处理大量多 bit 数据的时钟域转换，RAM 一个端口写数据，另一个端口读数据。例如，用户需要将 10MHz 时钟域中的数据传输到 100MHz 时钟域中使用，示意图如图 10.8 所示。

　　这里采用双端口 RAM 处理跨时钟域数据，编写 System Verilog 代码如下：

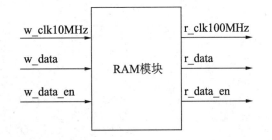

图 10.8　使用双端口 RAM 处理跨时钟域数据示意

```
//时间尺度预编译指令
`timescale 1ns / 1ps
//模块名称为 ram
module ram();
//复位激励
```

```
bit sys_reset;
initial begin
  sys_reset = 1;
  #1000
  sys_reset = 0;
end
//RAM 写时钟 10MHz 激励
logic rx_clk;
initial begin
  rx_clk = 0;
  forever
  #50 rx_clk = !rx_clk;
end
//RAM 读时钟 100MHz 激励
bit sys_clk;
initial begin
  sys_clk = 0;
  forever
  #5 sys_clk = !sys_clk;
end
//仿真计数器激励
byte sim_count;
always @(posedge rx_clk)begin
  if(sys_reset)
    sim_count <= 'd0;
  else if(sim_count == 'd200)
    sim_count <= 'd200;
  else
    sim_count <= sim_count + 'd1;
end
//使用 10MHz 时钟写 RAM 操作
bit         wea ;
logic [3:0] addra;
shortint    dina ;
shortint    douta;
always @(posedge rx_clk)begin
  if(sys_reset)begin
    wea   <= 'd0;
    addra <= 'd0;
    dina  <= 'd0;
  end
  else begin
  case(sim_count)
    32'd100:begin
      wea   <= 'd1;
      addra <= 'd1;
      dina  <= sim_count;
    end
    32'd105:begin
      wea   <= 'd1;
      addra <= 'd1;
      dina  <= sim_count;
    end
    default:begin
      wea   <= 'd0;
      addra <= addra;
      dina  <= dina;
    end
  endcase
  end
end
```

```
//使用100MHz时钟读RAM操作
bit         web ;
logic [3:0] addrb;
shortint    dinb ;
shortint    doutb;
always @(posedge sys_clk)begin
  if(sys_reset)begin
    web   <= 'd0;
    addrb <= 'd0;
    dinb  <= 'd0;
  end
  else begin
    web   <= 'd0;
    addrb <= 'd1;
    dinb  <= 'd0;
  end
end
//利用双端口RAM IP核实现10MHz时钟域数据到100MHz时钟域数据的转换
bram_test bram_test (
  //一个端口写RAM
  .clka  (rx_clk   ),
  .rsta  (sys_reset),
  .ena   (1'b1     ),
  .wea   (wea      ),
  .addra (addra    ),
  .dina  (dina     ),
  .douta (douta    ),
  //一个端口读RAM
  .clkb  (sys_clk  ),
  .rstb  (sys_reset),
  .enb   (1'b1     ),
  .web   (web      ),
  .addrb (addrb    ),
  .dinb  (dinb     ),
  .doutb (doutb    ));
endmodule
```

📁注意：bram_test 属于 Xilinx 时钟知识产权，RAM IP 核的定制方法参考 5.3 节。

10.3.3　使用延迟法处理跨时钟域数据实例

　　使用延迟法处理跨时钟域数据是常用的方法。延迟法也叫打两拍，主要是对单 bit 数据的处理。例如，用户需要将 10MHz 时钟域中的数据传输到 50MHz 时钟域中使用，示意图如图 10.9 所示。

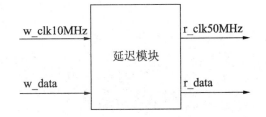

图 10.9　使用延迟法处理跨时钟域数据示意

　　这里采用延迟法处理跨时钟域数据，编写 System Verilog 代码如下：

```
//时间尺度预编译指令
`timescale 1ns / 1ps
//模块名称为delay
module delay(
input  logic clk ,              //输入时钟，频率为50MHz
```

```
input  logic rst  ,              //复位信号，高电平有效
input  logic i_data,             //输入 10MHz 时钟域数据
output logic o_data);            //输出 50MHz 时钟域数据
logic       o_data1;             //模块内部变量
//对输入数据延两拍输出
always @(posedge clk)begin
  if(rst)begin
    o_data1 <= 1'b0;
    o_data  <= 1'b0;
  end
  else begin
    o_data1 <= i_data;
    o_data  <= o_data1;
  end
end
endmodule
```

10.3.4　使用应答机制处理跨时钟域数据实例

应答机制也是解决跨时钟域数据转换的一种方法。其基本原理是写时钟先将数据放在总线上，等数据稳定后再通知读时钟读取总线上的数据，待数据读完之后再通知写时钟进行下一次操作，这样读时钟读到的数据就比较稳定了。例如，用户需要将 25MHz 时钟域中的数据传输到 10MHz 时钟域中使用，示意图如图 10.10 所示。

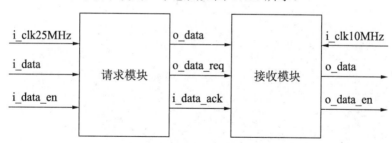

图 10.10　使用应答机制处理跨时钟域数据示意

这里采用应答机制处理跨时钟域数据，主要分为两个模块，分别为请求模块和发送模块。使用 Verilog 编写数据请求功能，程序如下：

```
//时间尺度预编译指令
`timescale 1ns / 1ps
//模块名称为 handshark_req
module handshark_req #(
parameter  DATA_WIDTH = 8)
(
input                     sys_clk       ,    //输入时钟，频率为 25MHz
input                     sys_reset     ,    //复位信号，高电平有效
input     [DATA_WIDTH - 1:0] i_data     ,    //输入数据
input                     i_data_valid ,    //输入数据有效
input                     i_data_ack   ,    //输入数据接收应答
output reg [DATA_WIDTH - 1:0] o_data    ,    //输出数据
output reg                o_data_req    ,    //输出数据请求
output                    o_send_busy  );    //输出数据忙信号
reg                data_ack1  ;              //接收应答 1
```

```verilog
reg                          data_ack2     ;        //接收应答 2
reg                          send_busy_reg1;        //输出忙信号
//将输入的应答信号延迟一个时钟周期（输入应答打一拍）
always @(posedge sys_clk)begin
  if(sys_reset)begin
    data_ack1 <= 'd0;
    data_ack2 <= 'd0;
  end
  else begin
    data_ack1 <= i_data_ack;
    data_ack2 <= data_ack1;
  end
end
//将输入的数据信号延迟一个时钟周期（输入应答打一拍）
always @(posedge sys_clk)begin
  if(sys_reset)
    o_data <= 'd0;
  else if(i_data_valid)
    o_data <= i_data;
end
//输出数据请求
always @(posedge sys_clk)begin
  if(sys_reset)
    o_data_req <= 1'd0;
  else if(i_data_valid)
    o_data_req <= 1'b1;
  else if(data_ack2)
    o_data_req <= 1'b0;
end
//输入数据时拉高忙信号，接收应答时拉低忙信号
always @(posedge sys_clk)begin
  if(sys_reset)
    send_busy_reg1 <= 1'd0;
  else if(i_data_valid)
    send_busy_reg1 <= 1'b1;
  else if(data_ack2 && !data_ack1)
    send_busy_reg1 <= 1'b0;
end
assign o_send_busy = send_busy_reg1 | i_data_valid;
endmodule
```

使用 Verilog 编写数据接收功能，程序如下：

```verilog
//时间尺度预编译指令
`timescale 1ns / 1ps
//模块名称为 handshark_res
module handshark_res #(
  parameter  DATA_WIDTH = 8)
  (
input                       sys_clk        ,        //输入时钟，频率为 10MHz
input                       sys_reset      ,        //复位信号，高电平有效
input    [DATA_WIDTH - 1:0] i_data         ,        //输入数据
input                       i_data_req     ,        //输入数据请求
output reg [DATA_WIDTH - 1:0] o_rx_data     ,        //接收输入数据
output reg                  o_rx_data_en   ,        //接收输入数据有效
output reg                  o_rx_data_ack );        //接收输入数据应答
reg    data_req_reg1;                               //输入请求 1
reg    data_req_reg2;                               //输入请求 2
reg    data_req_reg3;                               //输入请求 3
```

```
//将输入的应答信号延迟 3 个时钟周期
always @(posedge sys_clk)begin
  if(sys_reset)begin
    data_req_reg1 <= 'd0;
    data_req_reg2 <= 'd0;
    data_req_reg3 <= 'd0;
  end
  else begin
    data_req_reg1 <= i_data_req  ;
    data_req_reg2 <= data_req_reg1;
    data_req_reg3 <= data_req_reg2;
  end
end
//当检测到数据请求信号的上升沿时，采集输入数据
always @(posedge sys_clk)begin
  if(sys_reset)begin
    o_rx_data <= 'd0;
    o_rx_data_en <= 'd0;
  end
  else if(!data_req_reg2 && data_req_reg1)begin
    o_rx_data <= i_data;
    o_rx_data_en <= 'd1;
  end
  else o_rx_data_en <= 'd0;
end
//接收完数据之后，通知发送模块已接收到当前请求的数据
always @(posedge sys_clk)begin
  if(sys_reset)
    o_rx_data_ack <= 'd0;
  else if(!data_req_reg3 && data_req_reg2)
    o_rx_data_ack <= 'd1;
  else if(!data_req_reg3)
    o_rx_data_ack <= 'd0;
end
endmodule
```

注意：应答机制的工作原理可参考 2.4.2 节。

10.3.5　采用格雷码转换处理跨时钟域数据实例

格雷码转换也是解决跨时钟域数据转换的一种方法，格雷码转换适合连续递增数据跨时钟域的转换。其基本原理是发送时钟时需要将数据转换为格雷码输出，接收时钟时需要将格雷码数据转换为二进制数据才能使用。例如，用户需要将 25MHz 时钟域中的数据传输到 100MHz 时钟域中使用，示意图如图 10.11 所示。

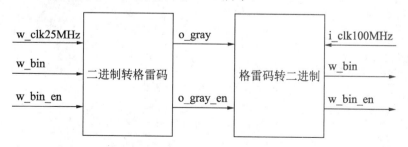

图 10.11　采用格雷码转换处理跨时钟域数据示意

　　这里采用格雷码转换处理跨时钟域数据，主要分为两个模块，分别为二进制转格雷码模块和格雷码转二进制模块。使用 Verilog 编写二进制转格雷码的程序如下：

```verilog
//时间尺度预编译指令
`timescale 1ns / 1ps
//模块名称为bin2gray
module bin2gray #(
parameter  MAX_CNT    = 2                      ,    //计数最大值参数化
parameter  DATA_WIDTH = 8                    )      //数据位宽参数化
(
input                        sys_clk       ,        //输入时钟，频率为25MHz
input                        sys_reset     ,        //复位信号，高电平有效
input        [DATA_WIDTH - 1:0] i_bin         ,      //输入二进制数据
input                        i_bin_valid   ,        //输入二进制数据有效
output reg [DATA_WIDTH - 1:0] o_gray          ,     //输出格雷码数据
output reg                   o_gray_valid );         //输出格雷码数据有效
reg  [DATA_WIDTH - 1:0] bin_reg1       ;            //二进制数据
reg                      bin_valid_reg1 ;            //二进制数据有效
reg  [DATA_WIDTH - 1:0] gray_temp      ;            //格雷码临时变量
reg                      gray_temp_valid ;           //格雷码有效临时变量
reg  [7:0]               gray_cnt       ;            //格雷码有效计数器
//将输入数据（二进制数据）延迟2个时钟周期
always @(posedge sys_clk)begin
  if(sys_reset)begin
    bin_reg1       <= 'd0;
    bin_valid_reg1 <= 'd0;
  end
  else begin
    bin_reg1       <= i_bin;
    bin_valid_reg1 <= i_bin_valid;
  end
end
//将二进制转换为格雷码
always @(posedge sys_clk)begin
  if(sys_reset)begin
    gray_temp <= 'd0;
    gray_temp_valid <= 'd0;
  end
  else if(bin_valid_reg1 && !i_bin_valid)begin
    //将输入数据右移1位后与其自身进行异或运算，结果就是格雷码
    gray_temp <= ((bin_reg1 >> 1) ^bin_reg1);
    gray_temp_valid <= 'd1;
  end
  else gray_temp_valid <= 'd0;
end
//输出格雷码数据和格雷码数据有效
always @(posedge sys_clk)begin
  if(sys_reset)begin
    o_gray <= 'd0;
    o_gray_valid <= 'd0;
  end
  else if(gray_cnt == (MAX_CNT - 'd1))
    o_gray_valid <= 'd0;
  else if(gray_temp_valid)begin
    o_gray       <= gray_temp;
    o_gray_valid <= 1'b1;
  end
end
```

```
//输出格雷码数据的有效长度
always @(posedge sys_clk)begin
  if(sys_reset)
    gray_cnt <= 'd0;
  else if(o_gray_valid)
    gray_cnt <= gray_cnt + 'd1;
  else
    gray_cnt <= 'd0;
end
endmodule
```

使用 Verilog 编写格雷码转二进制的程序如下：

```
//时间尺度预编译指令
`timescale 1ns / 1ps
//模块名称为 gray2bin
module gray2bin #(
parameter  DATA_WIDTH = 8                )        //数据位宽参数化
(
input                      sys_clk        ,       //输入时钟，频率为100MHz
input                      sys_reset      ,       //复位信号，高电平有效
input      [DATA_WIDTH - 1:0] i_gray       ,       //输入格雷码数据
input                      i_gray_valid ,          //输入格雷码数据
output reg [DATA_WIDTH - 1:0] o_bin        ,       //输出二进制数据
output reg                 o_bin_valid  );         //输出二进制数据有效
reg   [DATA_WIDTH - 1:0] gray_reg1        ;        //格雷码变量1
reg   [DATA_WIDTH - 1:0] gray_reg2        ;        //格雷码变量2
reg                 gray_valid_reg1;               //格雷码变量有效1
reg                 gray_valid_reg2;               //格雷码变量有效2
reg   [DATA_WIDTH - 1:0] bin_temp         ;        //二进制变量
reg                 bin_temp_valid ;               //二进制变量有效
integer                 i = 0            ;         //循环变量
//将输入的格雷码数据延迟2个时钟周期
always @(posedge sys_clk)begin
  if(sys_reset)begin
    gray_reg1 <= 'd0;
    gray_reg2 <= 'd0;
  end
  else begin
    gray_reg1 <= i_gray;
    gray_reg2 <= gray_reg1;
  end
end
//将输入的格雷码数据延迟2个时钟周期
always @(posedge sys_clk)begin
  if(sys_reset)begin
    gray_valid_reg1 <= 'd0;
    gray_valid_reg2 <= 'd0;
  end
  else begin
    gray_valid_reg1 <= i_gray_valid;
    gray_valid_reg2 <= gray_valid_reg1;
  end
end
//将格雷码数据转换为二进制数据
always @(posedge sys_clk)begin
  if(sys_reset)begin
    bin_temp       <= 'd0;
    bin_temp_valid <= 'd0;
```

```
    end
  else if(gray_valid_reg2 && !gray_valid_reg1)begin
    bin_temp_valid <= 'd1;
    for(i = 0;i < DATA_WIDTH; i = i + 1)
      //除了将格雷码的最高位直接赋给二进制码的最高位外
      //从次高位到 0，将二进制的高位和次高位格雷码进行异或运算
      bin_temp[i] <= ^(gray_reg2 >> i);
  end
  else bin_temp_valid <= 'd0;
end
//输出二进制数据和二进制数据有效
always @(posedge sys_clk)begin
  if(sys_reset)begin
    o_bin       <= 'd0;
    o_bin_valid <= 'd0;
  end
  else if(bin_temp_valid)begin
    o_bin       <= bin_temp;
    o_bin_valid <= 'd1;
  end
  else o_bin_valid <= 'd0;
end
endmodule
```

🔔注意：采用格雷码解决跨时钟域的基本原理可参考 2.4.2 节，二进制数与格雷码互转原理可参考相关资料。

10.4　FPGA 通用模块设计

模块化设计是在 FPGA 设计中一个很重要的部分，它能够使设计工作和仿真测试更加容易，代码维护和升级更加便利。这里从 4 个方面介绍 FPGA 通用模块设计，分别为接口通用模块设计、内部逻辑通用模块设计、仿真通用设计和调试通用设计。

10.4.1　接口通用模块设计

进行 FPGA 接口逻辑设计时，尽量设计为标准通用模块。当进行通用接口模块代码移植时，只需要修改一些参数就可以直接使用，不需要修改逻辑代码，这样能节省开发和调试时间，提前交付项目。

这里以 UART 接口设计为例介绍 UART 接口通用模块的设计方法，其他标准接口的设计方法与其类似。UART 接口的通用模块接口定义见表 10.1，UART 物理接口有发送接口和接收接口，UART 用户接口有系统时钟接口、系统复位接口、接收数据接口和发送数据接口，进行代码移植时，设置正确的波特率即可。

表 10.1　UART接口的通用模块接口定义

信 号 名 称	输入/输出	信 号 位 宽	信 号 含 义
sys_clk	输入	1	系统时钟，50MHz
sys_reset	输入	1	系统复位，高复位

信 号 名 称	输入/输出	信 号 位 宽	信 号 含 义
uart_rx	输入	1	串口物理接收
uart_tx	输出	1	串口物理发送
uart_speed	输入	32	波特率设置
uart_tdata	输入	8	串口用户发送数据
uart_tdata_en	输入	1	串口用户发送数据有效
uart_tdata_busy	输出	1	串口用户发送数据忙
uart_rdata	输出	8	串口用户接收数据
uart_rdata_en	输出	1	串口用户接收数据有效

10.4.2　内部逻辑通用模块设计

进行 FPGA 内部逻辑设计时，经常会使用 FIFO IP 核进行数据缓存。FPGA 使用 FIFO 进行数据缓存时，可以设计成内部逻辑通用模块。

这里介绍使用 FIFO 读写内部通用模块设计的方法，其他内部逻辑模块的设计方法与其类似。使用 FIFO 读写通用模块接口定义见表 10.2，FIFO 读写通用模块接口包括读时钟接口、写时钟接口、系统复位接口、写数据接口和读数据接口，进行代码移植时，设置正确的数据位宽即可。

表 10.2　使用FIFO读写通用模块接口定义

信 号 名 称	输入/输出	信 号 位 宽	信 号 含 义
sys_wclk	输入	1	FIFO写时钟
sys_rclk	输入	1	FIFO读时钟
sys_reset	输入	1	系统复位，高复位
i_wdata	输入	8	写数据
i_wdata_en	输入	1	写数据有效
o_data	输出	8	读数据
o_data_en	输出	1	读数据有效

10.4.3　仿真通用模块设计

使用 FPGA 进行逻辑仿真验证时，首先编写仿真激励，其次利用仿真工具进行功能验证。如果将常用的仿真激励设计成仿真通用模块，然后直接例化使用则会节省大量的仿真调试时间。推荐设计为通用的仿真模块有时钟仿真激励模块、复位仿真激励模块、计数器仿真激励模块、数据发生器仿真激励模块和读写文件仿真激励模块。

这里以通用的复位仿真激励设计为例，介绍通用的复位仿真激励模块设计方法，其他仿真激励设计方法与其类似。通用的复位仿真激励模块接口定义见表 10.3，通用的复位仿真激励模块接口有系统时钟接口、复位时间设置接口和复位输出接口，进行逻辑仿真时，直接例化（调用）通用的仿真模块即可。

表 10.3　复位仿真激励通用模块接口定义

信 号 名 称	输入/输出	信 号 位 宽	信 号 含 义
sys_clk	输入	1	系统时钟
reset_tap	输入	32	复位时间设置
o_reset	输出	1	输出复位，高有效
o_resetn	输出	1	输出复位，低有效

10.4.4　调试通用模块设计

在 FPGA 硬件调试阶段，为了验证逻辑功能的正确性，通常需要编写调试代码，待调试验证完成后再删除或者注释掉调试代码。推荐设计为通用的调试模块有调试计数器模块、上升沿计数器模块、下降沿计数器模块、计算最大值模块和计算最小值模块。

这里以通用的上升沿计数器设计为例，介绍通用的上升沿计数器模块设计方法，其他调试模块的设计方法与其类似。通用的上升沿计数器模块接口定义见表 10.4，通用的上升沿计数器通用模块接口有系统时钟接口、系统复位接口、接收数据接口、上升沿调试计数器接口，进行硬件调试时，直接例化（调用）通用的调试模块即可。

表 10.4　上升沿计数器通用模块接口定义

信 号 名 称	输入/输出	信 号 位 宽	信 号 含 义
sys_clk	输入	1	系统时钟
sys_reset	输入	1	系统复位
i_rx_data	输入	8	接收数据
i_rx_data_en	输入	1	接收数据有效
o_rx_count1	输出	32	上升沿计数器

10.5　FPGA 开发检查表

FPGA 开发检查表是从 FPGA 开发流程中提炼出来的表格，该表格标明了 FPGA 设计的每个环节。这里主要从 FPGA 需求分析、FPGA 设计输入、FPGA 方案设计、FPGA 功能仿真和 FPGA 硬件调试这几个方面进行检查。

10.5.1　FPGA 需求分析

需求分析也称为软件需求分析、系统需求分析或需求分析工程等，是开发人员经过深入细致的调研和分析，明确用户的具体要求并将其转化为完整的需求定义，从而确定系统功能的过程。FPGA 需求分析是根据用户需求或者技术协议来定义项目逻辑功能和相关的性能指标。FPGA 需求分析检查项如下。

1. FPGA型号选型

选择一款合适的 FPGA 型号需要考虑如下内容：

❑ FPGA 厂商选择，FPGA 主流厂商有 Xilinx 和 Intel。

❑ FPGA 资源评估，包括管脚数量、逻辑资源、片内存储资源和 DSP 资源等。

❑ FPGA 封装形式，选择封装需要考量两个方面，即可用的 I/O 管脚的数量和封装的尺寸。

❑ FPGA 速度等级：Xilinx FPGA 速度等级数值越大，芯片性能越好，能支持的代码处理速度越高，并且能更好地处理复杂的代码，无须太多的时序约束干预。反之，Xilinx FPGA 速度等级数值越小，芯片性能越差，代码处理速度越低，并且对代码的编写要求越高，因此要尽量少使用组合逻辑，有时甚至还需要复杂的时序约束干预才能完全满足时序要求。FPGA 器件速度等级选型应在满足应用需求的情况下尽量选用速度等级低的器件。由于传输线效应，速度等级高的器件更容易产生信号反射，设计时需要在信号的完整性上花费更多的精力。

☎建议：选择主流厂商 FPGA、低成本的 FPGA 型号或满足功能的 FPGA 型号。

2. 系统架构

根据逻辑功能与性能指标选择系统架构，常用的系统架构如下：

❑ 单片 FPGA 架构；

❑ FPGA + ARM 架构；

❑ FPGA + DSP 架构；

❑ FPGA + MCU 架构；

❑ FPGA + FPGA 架构。

3. FPGA开发周期

FPGA 开发周期主要从以下 5 个方面进行评估：

❑ 需求分析；

❑ 方案设计；

❑ 代码；

❑ 功能仿真；

❑ 硬件调试。

☎建议：对于一些难以实现的功能要预留足够多的时间。

4. 技术难点

开发 FPGA 项目时，需要充分考虑是否有难以实现的功能，这里给出两种常用的策略。

❑ 内部策略：选择替代方案，如软件实现不了可以通过硬件来实现。

❑ 外部策略：以外包的形式解决。例如，对于万兆以太网实现技术没有经验积累，可以寻找外包厂家来实现。

5. 交付形式

FPGA 项目或产品交付资料如下：
- ❑ FPGA 逻辑设计方案，包括概要设计和详细设计。
- ❑ FPGA 逻辑设计工程文件，包括设计源文件和 IP 核设计文件。
- ❑ FPGA 在线更新固件，包括 FPGA 烧写文件和固化文件。

10.5.2　FPGA 方案设计

根据 FPGA 需求分析编写 FPGA 设计方案，FPGA 方案设计检查项如下：
- ❑ 系统方案设计：确定系统的具体实现方案。
- ❑ 逻辑方案设计：根据系统设计方案撰写逻辑设计方案，包括模块功能划分、模块接口定义和模块实现原理等。
- ❑ 验证方案设计：根据逻辑设计方案编写验证设计方案，包括模块激励设计、模块功能覆盖率验证和模块边界数据交互验证等。
- ❑ 调试方案设计：根据逻辑功能编写调试设计方案，考虑的因素有硬件验证环境设计和模块功能验证方法等。

10.5.3　FPGA 设计输入

根据 FPGA 方案设计编写 FPGA 逻辑功能，FPGA 设计输入检查项如下。

1. 编辑器选择

FPGA 软件设计的编辑器如下：
- ❑ 默认的编辑器有 QuartusII、Vivado 或 ISE。
- ❑ 常用的编辑器有 UltraEdit、Notepad++ 和 Sublime Text 等。

2. 编码规范

FPGA 编码规范分为两种，分别为自定义编码规范与软件自带的编码规范。

1）自定义编码模板

这里以一个计数器为例介绍自定义编码规范，计数器程序如下：

```
//时间尺度预编译指令
`timescale 1ns / 1ps
//==========================================================
//模块名称:counter_test
//模块功能:实现计数功能
//设计人员:fpga
//设计版本:v1.0
//设计时间:20210128
//芯片型号:Xilinx FPGA ZYNQ 7020
//软件版本:Vivado 2019.1
//特殊说明:无
//==========================================================
```

```
//===========================================================
//模块名称
//===========================================================
module counter_test(
sys_clk   ,
sys_reset ,
o_counter );
//===========================================================
//模块接口
//===========================================================
input       sys_clk  ;
input       sys_reset;
output [7:0]o_counter;
//===========================================================
//参数定义
//===========================================================
parameter  DATA_WIDTH = 8'h8;
//===========================================================
//内部变量
//===========================================================
reg [DATA_WIDTH - 1 : 0] count;
//===========================================================
//模块编码
//===========================================================
//过程块
always @(posedge sys_clk)begin
  if(sys_reset)
    count <= 8'd0;
  else
    count <= count + 8'd1;
end
//连续赋值
assign o_counter = count;
endmodule
/*
//===========================================================
//模块实例化模板
//===========================================================
counter_test counter_test(
  .sys_clk   (),
  .sys_reset (),
  .o_counter ());
*/
```

注意：Verilog HDL 模块编码规范为了统一的格式，注释了难懂的代码。

2）开发软件自带的编码模板

利用 Vivado 2019.1 软件创建呼吸灯模块，程序如下：

```
`timescale 1ns / 1ps
//////////////////////////////////////////////////////////////
// Company:
// Engineer:
//
// Create Date: 2021/11/17 11:34:44
// Design Name:
// Module Name: led_top
// Project Name:
// Target Devices:
```

```
// Tool Versions:
// Description:
//
// Dependencies:
//
// Revision:
// Revision 0.01 - File Created
// Additional Comments:
//
//////////////////////////////////////////////////////////////////////

module led_top();
endmodule
```

⚠ 注意：Vivado 软件生成的 Verilog HDL 模块编码规范是全英文的，这里建议注释支持中文与英文。

3．硬件描述语言类型

FPGA 硬件描述语言分为 3 种，分别为 VHDL、Verilog HDL 和 System Verilog 语言。选择任意一种硬件描述语言编写逻辑功能代码即可。

4．跨时钟域数据处理

FPGA 跨时钟域数据处理方法如下：
❑ 使用异步 FIFO 处理跨时钟域数据；
❑ 使用双口 RAM 处理跨时钟域数据；
❑ 使用延迟法处理跨时钟域数据；
❑ 使用应答机制解决跨时钟域数据；
❑ 采用格雷码转换解决跨时钟域数据。

5．IP核设计

FPGA 的常用 IP 核如下：
❑ MMCM/PLL IP 核；
❑ FIFO IP 核；
❑ RAM IP 核；
❑ ROM IP 核；
❑ PCIE IP 核；
❑ DDR IP 核；
❑ SRIO IP 核。

6．状态机描述方式

状态机几乎可以实现一切时序电路，状态机有三种描述方式，即一段式状态机、两段式状态机和三段式状态机。
❑ 一段式状态机：将整个状态机写在一个 Always 模块中，然后将状态转移判断的组合逻辑和状态寄存器转移的时序逻辑混写在一起，既能描述状态转移，又能描述转移状态的输入和输出，这种模式称为一段式状态机。

- ❑ 两段式状态机：采用一个 always 语句实现时序逻辑，另外一个 always 语句实现组合逻辑，可提高代码的可读性，易于维护。
- ❑ 三段式状态机：其基本格式是，第一个 always 语句实现同步状态跳转，第二个 always 语句实现组合逻辑，第三个 always 语句实现同步输出。

7.　程序注释比例

程序注释的目的是让人们能够更加轻松地了解代码，一个好的程序要达到一定的注释比例。

- ❑ 代码注释率=注释行/（注释行 +有效代码行），Verilog HDL 单行注释以"//"开头，多行注释以"/*"开始，以"*/"结束。
- ❑ 代码注释比例：代码注释必不可少，但也不能过多，在实际的代码中，注释占代码的 20%左右即可。注释是对代码的"提示"。代码注释不可喧宾夺主，注释太多了会让人眼花缭乱，影响阅读。FPGA 模块的代码注释一般占 30%~40%即可，尤其在逻辑性很强的地方要加上注释，便于阅读。

8.　代码走查

代码走查是开发人员与架构师集中讨论代码的过程。代码走查的目的是交换代码的编写思路并建立一个对代码的标准阐述。在代码走查过程中，开发人员可以向其他人员阐述编写思路，即使是简单的代码阐述也可以帮助开发人员识别错误并思考对错误问题的解决办法。对于 FPGA 设计输入（代码设计）来说，在模块编写完成之后，应该组织相关人员进行代码走查，这样不仅能检查程序的正确性，也能初步评估是否存在设计缺陷，如在一些特殊场景下是否能够处理。

9.　设计类型

FPGA 设计类型主要分为两种，分别为接口开发和算法开发。

- ❑ FPGA 常用的接口有以太网接口、串口接口、PCIE 接口、DDR 接口和 IIC 接口等。
- ❑ FPGA 常用的算法有视频处理算法、数据压缩算法和数字信号处理算法等。

10.5.4　FPGA 功能仿真

根据 FPGA 设计输入编写仿真激励。FPGA 功能仿真检查项如下：

1.　编写仿真文档

- ❑ 单元仿真文档：包括单元模块所有的逻辑功能及每个逻辑功能的验证方法。
- ❑ 系统仿真文档：包括系统模块所有的逻辑功能及每个逻辑功能的验证方法。

☎建议：系统逻辑功能验证一定要符合实际应用场景。

2.　验证语言类型

FPGA 验证语言主要分为 3 种，分别为 VHDL、Verilog HDL 和 System Verilog。选择

任意一个验证语言编写测试激励即可。

3．仿真工具

FPGA 仿真软件主要分为厂商自带仿真器和第三方仿真器。

❑ 厂商自带仿真器：Xilinx 仿真器有 ISE 和 Vivado 开发软件自带的仿真器等。

❑ 第三方仿真器：Mentor 公司的 Modelsim，以及 Synopsys 公司的 VCS 等。

4．代码覆盖率

代码覆盖（Code Coverage）用于表现程序的源代码被测试的比例，这个比例就称为代码覆盖率。仿真激励模拟实际应用场景，尽可能仿真模块的全部功能。

5．自动化仿真

仿真可以让设计者知道模块输出值是否正确，一般采用的方式是观察输出的逻辑波形，这种方法对于一些较简单的逻辑功能验证比较直观，但是对于复杂的功能，观察波形容易出错。建议编写自动化仿真激励，例如，对于输入和输出数据进行文件读写操作，当输入与输出符合设计预期时，通过系统函数输出相关信息以判断功能是否正确。

6．系统仿真函数

当进行仿真验证时，经常使用系统函数进行辅助验证，常用系统函数有停止函数、随机函数、读写文件函数、输出函数和任务函数等。

7．IP核仿真

使用 FPGA 实现逻辑功能时，常使用 IP 核进行相关逻辑设计。例如，使用 FIFO IP 核进行数据缓存与跨时钟域处理。IP 核是经过验证的成熟模块，一般不会出现逻辑功能异常情况。一些逻辑设计需要使用成熟的 IP 核（如 DDR IP 核或 PCIE IP 核等）才能完成需要的逻辑功能，如果仿真设计模块的逻辑功能是正确的，那么用户只需要仿真自己编写的模块功能，不需要仿真成熟的 IP 核（DDR IP 核或 PCIE IP 核等）。如果仿真成熟的 IP 核（DDR IP 核或 PCIE IP 核等），那么仿真器会占用计算机内存，仿真速度非常慢，导致仿真效率低，既浪费时间，又增加了人力成本。

10.5.5　FPGA 硬件调试

根据 FPGA 设计输入进行硬件调试。FPGA 硬件调试检查项如下：

1．调试文档

根据系统逻辑功能编写调试文档，该文档包括系统所有的逻辑功能及每个逻辑功能的调试方法。

2．调试工具

FPGA 调试工具分为硬件调试工具和软件调试工具。

❑ 硬件调试工具：包括万用表、示波器、逻辑分析仪、频谱仪和信号发生器等。
❑ 软件调试工具：包括 Xilinx 公司的 ChipScope 软件、Intel 公司的 Signaltap 软件和 Lattice 公司的 Reveal 软件等。

3．调试环境

FPGA 硬件调试环境包括 FPGA 硬件板卡、FPGA 下载器和电源等。

4．调试总结

在硬件调试过程中总会碰到各种问题。为了提高硬件调试效率，少走弯路，应善于总结经验。

5．调试瓶颈

FPGA 硬件调试瓶颈是指在硬件调试过程中，遇到了某些技术问题难以克服，不仅影响调试进度，而且也会影响项目或产品的开发进度。如何解决这些问题呢？可以在内部进行讨论或者寻找替代方案。

10.6　本　章　习　题

1．FPGA 时钟设计有哪些方法？分别是什么？
2．FPGA 复位设计有哪些方法？分别是什么？
3．FPGA 异步时钟域处理有哪些方法？分别是什么？
4．FPGA 通用模块设计分为几种类型？分别是什么？
5．FPGA 开发检查表分为几项？分别是什么？